Frederico Reis Marques de Brito
Wálmisson Régis de Almeida

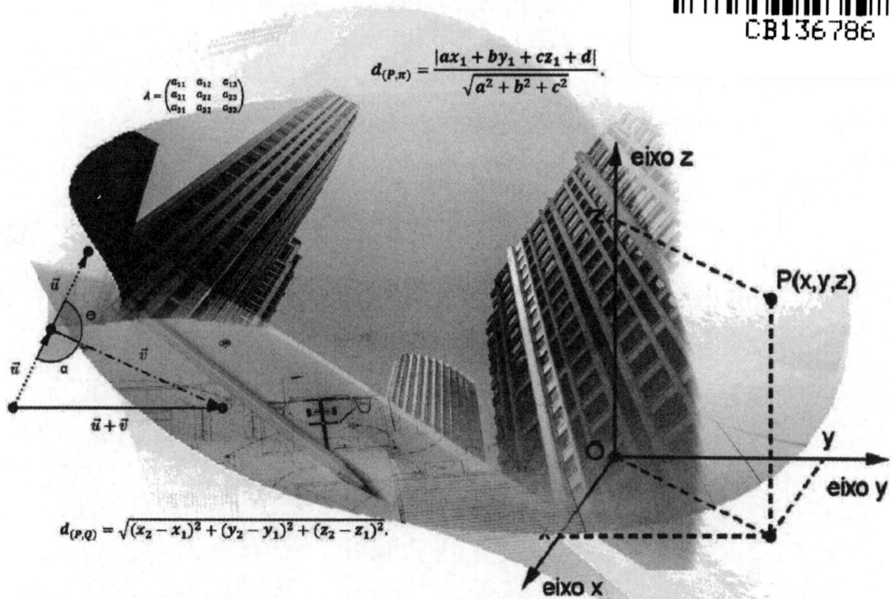

Geometria Analítica e Álgebra Linear

para Engenharias

FREDERICO REIS MARQUES DE BRITO
WÁLMISSON RÉGIS DE ALMEIDA

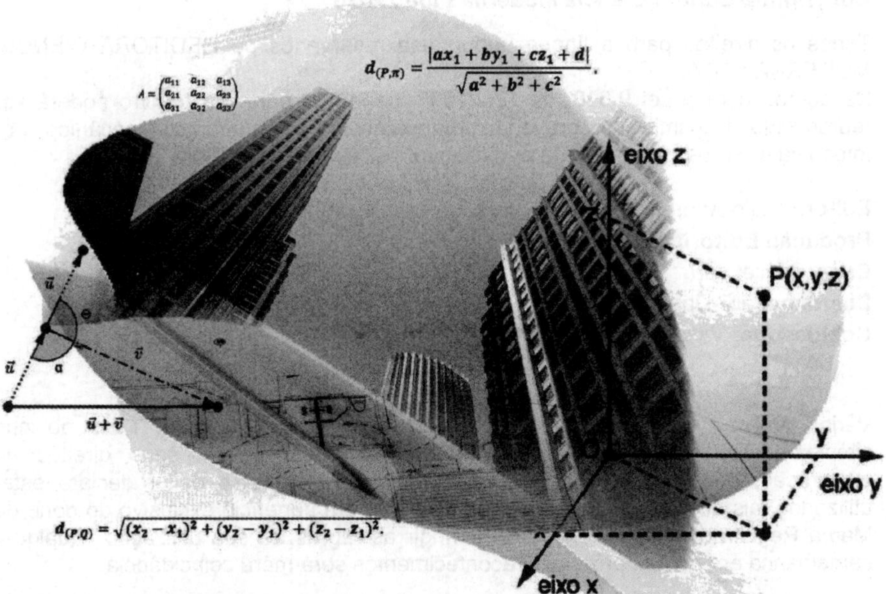

GEOMETRIA ANALÍTICA E ÁLGEBRA LINEAR

PARA ENGENHARIAS

EDITORA CIÊNCIA MODERNA

Geometria Analítica e Álgebra Linear para Engenharias

Editor: Paulo André P. Marques
Produção Editorial: Dilene Sandes Pessanha
Capa: Daniel Jara
Diagramação: Daniel Jara
Copidesque: Vivian Sbravatti

FICHA CATALOGRÁFICA

ALMEIDA, Wálmisson Régis de; BRITO, Frederico Reis Marques de.

Geometria Analítica e Álgebra Linear para Engenharias

Rio de Janeiro: Editora Ciência Moderna Ltda., 2020.

1. Geometria Analítica 2. Álgebra Linear
I — Título

ISBN: 978-85-399-0960-5 CDD 516.3
512.5

Editora Ciência Moderna Ltda.
R. Alice Figueiredo, 46 – Riachuelo
Rio de Janeiro, RJ – Brasil CEP: 20.950-150
Tel: (21) 2201-6662/ Fax: (21) 2201-6896
E-MAIL: LCM@LCM.COM.BR
WWW.LCM.COM.BR **09/20**

PREFÁCIO

Prezados colegas,

Este livro é o resultado das anotações de aula da disciplina de Geometria Analítica e Álgebra Linear nos cursos de Engenharia do UNIFEMM – Centro Universitário de Sete Lagoas – por parte de nós, autores.

O texto foi estruturado de modo que os elementos essenciais da Geometria Analítica e da Álgebra Linear fossem abordados de forma mais elementar, direcionado ao estudante de Engenharia, sem os formalismos que seriam necessários em outros contextos como, por exemplo, para um curso de Matemática (licenciatura ou bacharelado) ou Estatística.

Dessa forma, as noções sobre vetores no plano e espaço, suas operações básicas, representação algébrica das figuras (retas, cônicas, planos), cálculos de ângulos, distâncias, condições de paralelismo e ortogonalidade, interseção de figuras, elementos da Geometria Analítica; e o conjunto das matrizes, os determinantes e as soluções e interpretações geométricas de sistemas lineares, elementos da Álgebra Linear, são tratadas de forma bem suave, com omissão de algumas demonstrações e propriedades. Tudo isso para construir um ambiente mais ameno no início da trajetória de um curso de Engenharia.

O livro contém vários exemplos ao longo da exposição da teoria, e questões objetivas e discursivas ao final dos capítulos, para que o professor e o estudante possam aplicar os conhecimentos em situações abstratas e concretas, sugerindo como as teorias de GAAL serão utilizadas durante o curso de Engenharia. Inclusive, alguns capítulos apresentam exercícios de vestibulares tradicionais, deixando claro que as teorias desenvolvidas em sala estão plenamente ao alcance de um estudante do ensino superior.

É claro que, para isso, você deverá assumir um papel mais ativo no processo de ensino-aprendizagem, desenvolvendo autonomia intelectual. Essa habilidade será essencial para seu sucesso acadêmico e profissional. Lembramos também que o estudante sempre deve buscar outras referências bibliográficas, na perspectiva de enriquecimento do conteúdo teórico e como uma nova fonte de exercícios. Se você quer aprender Matemática, prepare a caixa de grafite (ou o bom e velho lápis!) e as borrachas. Isso mesmo, no plural! Já dizia o nosso grande amigo Einstein:

> "Sucesso e genialidade exigem 10% de inspiração e 90% de transpiração"

Esperamos que se divirtam bastante com essas duas obras-primas do pensamento racional, a Geometria Analítica e a Álgebra Linear, deixadas como legado por alguns dos grandes mestres da Matemática.

Os autores.

INTRODUÇÃO

"Libertação da Geometria pela Álgebra", a Geometria Analítica, consiste, basicamente, no estudo da Geometria por meio da Álgebra. Em linhas gerais, isso significa atribuir equações que, de alguma forma, descrevem os objetos geométricos estudados. Apesar dos trabalhos iniciais de Nicole d'Oresme, no século XIV, consideramos René Descartes e Pierre de Fermat (século XVI-XVII) como os "criadores" dessa nova área da Matemática, que serviu de pilar para o desenvolvimento do Cálculo Diferencial e Integral e da Física Clássica, iniciando uma nova era de rápido avanço acadêmico e tecnológico nessas duas ciências.

Na Geometria Analítica, o estudo dos objetos geométricos passa a ser feito pela análise das equações associadas. Para isso, é necessário estabelecer uma "via de mão dupla" entre objetos geométricos e equações. Compare, por exemplo, as definições de circunferências sob a ótica de Euclides e Descartes:

Euclides: "Um círculo é uma figura plana contida por uma linha (isto é, uma curva), a circunferência, tal que todas as linhas retas que vão até ela de um certo ponto de dento do círculo – chamado centro – são iguais entre si".

Descartes: "Uma circunferência é todo x e y num plano que satisfaçam $x^2 + y^2 = r^2$ para algum número constante r".

A vantagem desse último tratamento é que a Álgebra nos fornece uma vasta gama de métodos de resolução, tornando o estudo da Geometria mais dinâmico e independente de figuras e medições. Para possibilitar essa interação da Álgebra com a Geometria, recorremos aos sistemas de coordenadas, em que cada ponto do plano, ou do espaço, é representado por pares ou ternas ordenadas, como $(2,5)$ e $(-1,3,4)$, por exemplo.

Vamos começar introduzindo, de forma intuitiva, um sistema de coordenadas na reta, isto é, vamos estabelecer uma correspondência entre pontos da reta e os números reais. Isso pode ser feito escolhendo um ponto da reta, chamado de origem, para ser correspondente ao número 0. O número associado a um certo ponto é chamado de coordenada desse ponto. Assim, a origem tem coordenada 0. À direita dele estarão os pontos representados por coordenadas positivas e, à esquerda, os representados por coordenadas negativas. A coordenada corresponderá à distância do ponto até a origem, para pontos à direita da origem, ou a menos a distância, no caso de pontos à esquerda.

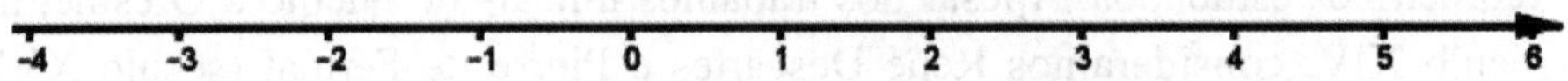

Figura 1: Reta real

Essa geometrização dos números reais é a ideia principal da Geometria Analítica, e toda a maravilhosa construção que se iniciará a partir de agora tem como base a representação de pontos no plano e no espaço como pares (x, y) ou ternas (x, y, z) ordenadas, relativas à associação ortogonal de duas (plano cartesiano, ou $\mathbb{R}^2$) ou três (espaço cartesiano, ou $\mathbb{R}^3$) dessas retas reais.

SUMÁRIO

CAPÍTULO 1 – COORDENADAS CARTESIANAS – O PLANO 1

CAPÍTULO 2 – ESTUDO DAS CÔNICAS 29

CAPÍTULO 3 – VETORES: TRATAMENTO GEOMÉTRICO 63

CAPÍTULO 4 – VETORES: TRATAMENTO ALGÉBRICO EM 79

CAPÍTULO 5 – MATRIZES E DETERMINANTES 97

CAPÍTULO 6 – PRODUTOS ENTRE VETORES EM 123

CAPÍTULO 7 – RETAS EM 145

CAPÍTULO 8 – PLANOS 153

CAPÍTULO 9 – DISTÂNCIAS NO ESPAÇO 165

CAPÍTULO 10 – SISTEMAS LINEARES 171

RESPOSTAS DOS EXERCÍCIOS 207

REFERÊNCIAS BIBLIOGRÁFICAS 221

CAPÍTULO 1 - COORDENADAS CARTESIANAS - O PLANO $\mathbb{R}^2$

Objetivos Principais: Ao final deste tópico, você deverá ser capaz de localizar pontos a partir das coordenadas; calcular distância entre pontos; determinar o ponto médio de um segmento; determinar a equação de uma reta; interpretar geometricamente a equação de uma reta; resolver situações-problema utilizando sistema de coordenadas cartesianas.

PLANO CARTESIANO – Vamos estender o sistema de coordenadas cartesianas, discutido anteriormente em $\mathbb{R}$, ao plano. Isso significa que estabeleceremos uma correspondência biunívoca entre os pontos do plano e os pares ordenados de números reais, de forma que cada ponto do plano fique associado um único par ordenado e vice-versa. Mais detalhadamente, essa correspondência é feita da seguinte forma: tomemos dois eixos, perpendiculares entre si e munidos de seus sistemas de coordenadas, de forma que cujas origens coincidem em um ponto O, chamado de origem do sistema coordenado no plano, ao qual associamos o par ordenado $(0,0)$. Um eixo será denominado **eixo das abscissas** (eixo x ou Ox) e o outro será o **eixo das ordenadas** (eixo y ou Oy). A cada ponto P do plano associaremos um par ordenado $P(x,y)$ de números reais. É como se criássemos um vasto reticulado no plano, e cada ponto fosse um cruzamento de duas retas.

Dessa forma, cada ponto do plano pode ser representado por um par ordenado (x,y) e, reciprocamente, cada par ordenado (x,y) representa um ponto do plano. O par ordenado $(2,3)$ representa o ponto do plano obtido pela interseção das retas abaixo indicadas:

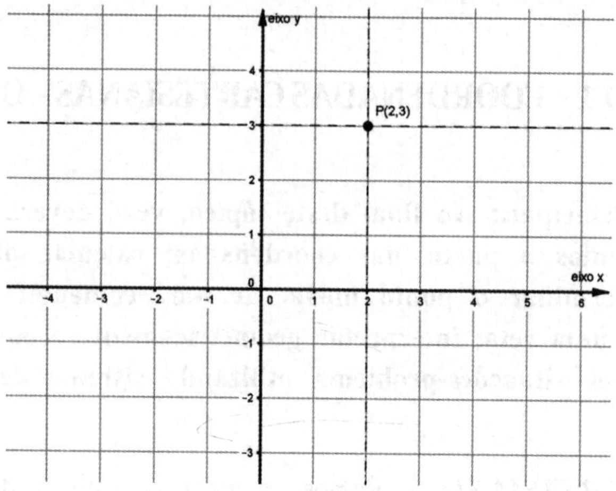

Figura 1: Exemplo de representação de ponto por coordenadas

A seta indicada em cada eixo representa o sentido crescente de cada um, e consequentemente os sinais de cada elemento do par ordenado. Os eixos cartesianos dividem o plano em quatro regiões abertas, chamadas de quadrantes.

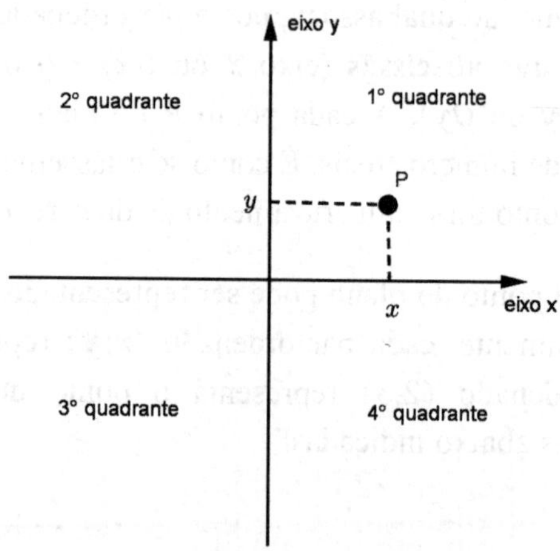

Figura 2: Plano cartesiano - quadrantes

Observe que os eixos coordenados não pertencem aos quadrantes.

Exemplos:

1) O ponto $A(-1,3)$ está no 2º quadrante.
2) O ponto $B(4,17)$ está no 1º quadrante.
3) O ponto $C(3,-1)$ está no 4º quadrante.
4) O ponto $D(-2,-5)$ está no 3º quadrante.
5) O ponto $E(3,0)$ é um ponto do eixo Ox e, portanto, não é considerado como ponto de nenhum dos quadrantes.

DISTÂNCIA ENTRE DOIS PONTOS – Vamos tornar algébrico um dos conceitos mais elementares e relevantes da Geometria Analítica e que será frequentemente utilizado nas construções geométricas posteriores: o de distância. Dados dois pontos no plano, $P_1(x_1, y_1)$ e $P_2(x_2, y_2)$, indicamos a distância entre eles por $d_{(P_1,P_2)}$. É possível determinarmos a distância entre os pontos P_1 e P_2 pela simples aplicação do Teorema de Pitágoras ao triângulo ΔP_1P_2Q, em que Q é o ponto de coordenadas $Q(x_2, y_1)$.

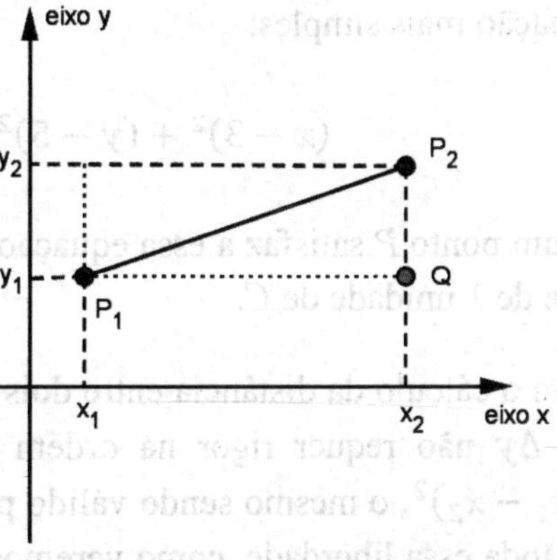

Figura 3: Distância entre pontos no plano

$$d_{(P_1,P_2)}{}^2 = d_{(P_1,Q)}{}^2 + d_{(P_2,Q)}{}^2 \Rightarrow d_{(P_1,P_2)}{}^2 = |x_2 - x_1|^2 + |y_2 - y_1|^2$$

$$\boldsymbol{d_{(P_1,P_2)} = \sqrt{(x_2 - x_1)^2 + (y_2 - y_1)^2},}$$

uma vez que o quadrado do módulo de um número real é igual ao seu próprio quadrado.

Exemplos:

1) Calcule a distância entre os pontos $P(-3,2)$ e $Q(4,-1)$.

$$d_{(P,Q)} = \sqrt{(4-(-3))^2 + (-1-2)^2} = \sqrt{7^2 + (-3)^2} = \sqrt{49+9} = \sqrt{58}\,.$$

2) Determine uma equação para os pontos que distam 1 unidade do ponto $C(3,5)$.

Vamos considerar um ponto genérico $P(x,y)$ e supor que a distância de P a C é igual a 1. Dessa forma:

$$d_{(P,C)} = \sqrt{(x-3)^2 + (y-5)^2} = 1\,.$$

Elevando os dois últimos membros da equação ao quadrado, obtemos uma equação mais simples:

$$(x-3)^2 + (y-5)^2 = 1.$$

Assim, um ponto P satisfaz a essa equação se, e somente se, ele está a distância de 1 unidade de C.

Perceba que, para o cálculo da distância entre dois pontos, a determinação das variações Δx e Δy não requer rigor na ordem da subtração. Isso porque $(x_2 - x_1)^2 = (x_1 - x_2)^2$, o mesmo sendo válido para as coordenadas y. Nem sempre teremos toda essa liberdade, como veremos posteriormente no cálculo do coeficiente angular de uma reta.

PONTO MÉDIO DE UM SEGMENTO – Considere um segmento de reta de extremidades $P_1(x_1, y_1)$ e $P_2(x_2, y_2)$. Vamos lembrar que o ponto médio de um segmento é aquele que o divide em duas partes congruentes, ou seja, de mesma medida. Dessa forma, se $M(x_M, y_M)$ representa o ponto médio do segmento P_1P_2, então $d_{(P_1M,)} = d_{(P_2,M)}$. Considerando os pontos $Q_1(x_M, y_1)$ e

$Q_2(x_M, y_2)$, é fácil verificar que os triângulos $\Delta P_1 M Q_1$ e $\Delta P_2 M Q_2$ são congruentes (caso ALA: ângulo-lado-ângulo). Assim, os lados correspondentes são congruentes e, em particular,

$$d_{(P_1,Q_1)} = d_{(P_2,Q_2)} \Rightarrow |x_M - x_1| = |x_2 - x_M| \,.$$

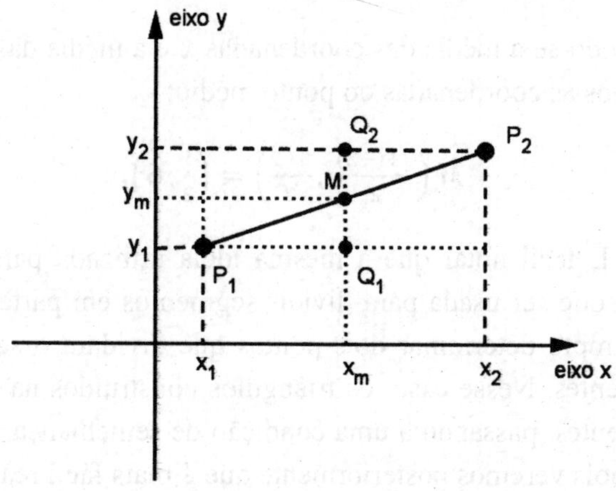

Figura 4: Ponto médio de um segmento

Pela definição de módulo, teremos:

$$x_1 = x_2 \; ou \; x_M = \frac{x_1 + x_2}{2}.$$

Analogamente, teremos:

$$d_{(Q_1,M)} = d_{(Q_2,M)} \Rightarrow |y_M - y_1| = |y_2 - y_M|$$

$$y_1 = y_2 \; ou \; y_M = \frac{y_1 + y_2}{2},$$

e, dessa forma, o ponto médio é dado por:

$$M\left(\frac{x_1 + x_2}{2}, \frac{y_1 + y_2}{2}\right).$$

Ou seja, suas coordenadas são obtidas tomando-se as médias aritméticas das respectivas coordenadas dos pontos extremos do segmento.

Exemplo:

Encontre as coordenadas do ponto médio do segmento de extremidades $A(3{,}5)$ e $B(-2{,}7)$.

Tomando-se a média das coordenadas x e a média das coordenadas y, obtemos as coordenadas do ponto médio:

$$M\left(\frac{3+(-2)}{2}, \frac{5+7}{2}\right) = \left(\frac{1}{2}, 6\right).$$

Observação: É fácil notar que a mesma ideia utilizada para construção do ponto médio pode ser usada para dividir segmentos em partes proporcionais, como por exemplo determinar dois pontos que dividam o segmento em três partes congruentes. Nesse caso, os triângulos construídos na fig. 4 deixariam de ser congruentes, passando a uma condição de semelhança. Não entraremos em detalhes, pois veremos posteriormente que é mais fácil realizar tal partição utilizando-se vetores.

ESTUDO DA RETA NO PLANO CARTESIANO – Já sabemos, pela Geometria Euclidiana, que dois pontos distintos determinam uma única reta. Logo, seria interessante podermos estabelecer equações para as retas no plano cartesiano por meio das coordenadas de dois pontos predefinidos.

Seja uma reta r que passa pelos pontos $A(x_1, y_1)$ e $B(x_2, y_2)$. Consideremos o caso particular de uma reta ascendente. O caso da reta descendente é análogo.

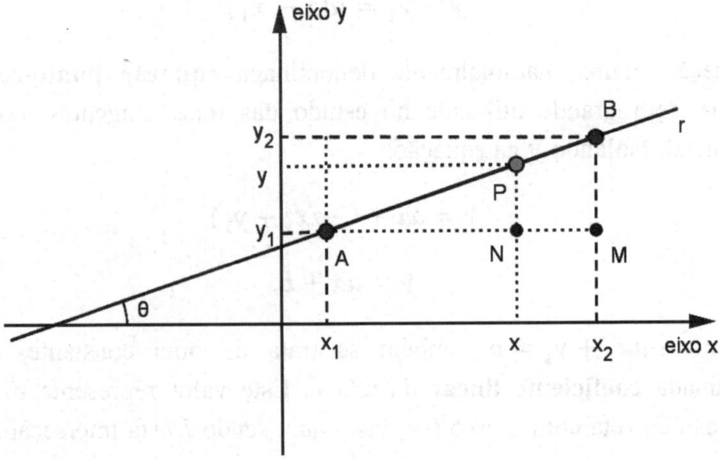

Figura 5: Equação da reta - inclinação da reta

Um ponto $P(x, y)$ estará sobre a reta r se, e somente se, os triângulos ΔANP e ΔAMB forem semelhantes. Nesse caso, podemos dizer então que:

$$\frac{\overline{PN}}{\overline{AN}} = \frac{\overline{BM}}{\overline{AM}} \Rightarrow \frac{y - y_1}{x - x_1} = \frac{y_2 - y_1}{x_2 - x_1}. (*)$$

Sabendo que a razão $\frac{y_2 - y_1}{x_2 - x_1} = a$ é uma constante, pois as coordenadas de A e B são conhecidas, definimos o **coeficiente angular** da reta, que está intimamente relacionado à inclinação da reta em relação ao eixo Ox do sistema cartesiano:

$$\boldsymbol{a = \frac{\Delta y}{\Delta x} = tg\,\theta},$$

em que θ é o ângulo formado pela reta r e qualquer reta horizontal.

Substituindo $\frac{y_2 - y_1}{x_2 - x_1} = a$ na equação que indicamos com $(*)$, obtemos:

$$\frac{y - y_1}{x - x_1} = a$$

$$\boldsymbol{y - y_1 = a(x - x_1).}$$

A equação acima, habitualmente denominada **equação ponto-coeficiente angular**, terá grande utilidade no estudo das retas tangentes, no Cálculo Diferencial. Isolando y na equação:

$$y = ax + (-ax_1 + y_1)$$

$$\boldsymbol{y = ax + b.}$$

O termo $-ax_1 + y_1 = b$ também se trata de uma constante, que será denominada **coeficiente linear** da reta r. Este valor representa o ponto de interseção da reta com o eixo Oy, visto que, sendo I esta interseção, teremos $I(0, y)$ e

$$y = a(0) + b \Rightarrow y = b.$$

Retornando ao coeficiente angular, este pode ser associado a uma "medida" do afastamento da reta do padrão horizontal. Assim, quanto maior for o módulo (valor absoluto) do coeficiente angular, mais inclinada é a reta e, quanto mais próximo de zero for esse coeficiente, mais a reta se aproxima de uma reta horizontal. A figura a seguir ilustra essa situação.

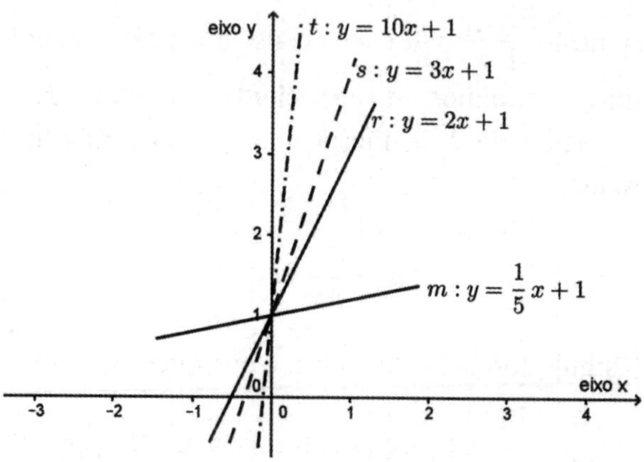

Figura 6: Retas com diferentes coeficientes angulares

Devemos observar também que:

- Se $a = 0$, a reta é horizontal.
- Se $a > 0$, a reta é ascendente ou crescente (quanto maior o valor de x, maior será o de y).
- Se $a < 0$, a reta é descendente ou decrescente (quanto maior o valor de x, menor será o de y).

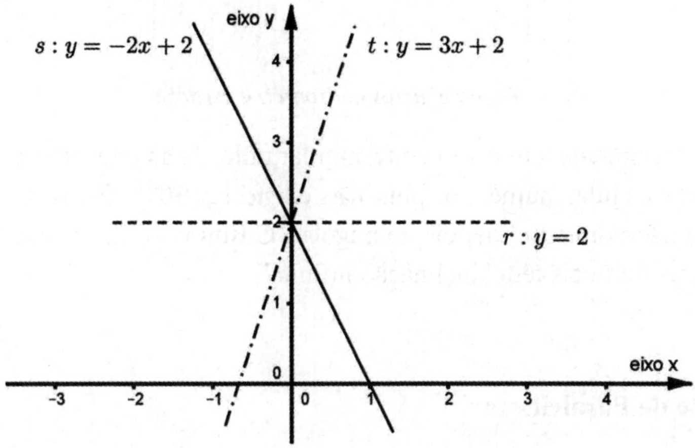

***Figura 7:* Relação entre o sinal do coeficiente angular e a inclinação da reta**

Observe que, no cálculo do coeficiente angular, devemos ser bem criteriosos na determinação dos valores de Δy e Δx. Uma inversão nas coordenadas altera o sinal do coeficiente angular, gerando grande problema na interpretação da inclinação da reta, como vimos.

Temos ainda os casos particulares de retas horizontais ($y = y_0$) e de retas verticais ($x = x_0$).

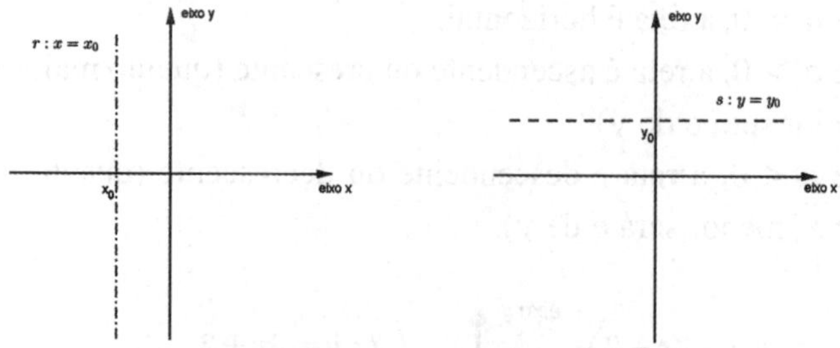

Figura 8: Retas horizontais e verticais

As retas horizontais têm coeficiente angular nulo. Já as retas verticais não têm coeficiente angular numérico, pois não existe $tg(90°)$. Essas são as únicas retas que não admitem coeficiente angular. Costuma-se dizer, intuitivamente, que as retas verticais têm "inclinação infinita".

Condição de Paralelismo:

Duas retas são paralelas quando têm a mesma direção. Mais formalmente, se duas retas r e s são paralelas, elas formam um mesmo ângulo com a horizontal (na figura, $\theta = \theta'$). Portanto, para que duas retas sejam paralelas, é necessário e suficiente que tenham o mesmo coeficiente angular $a_r = tg\theta = tg\theta' = a_s$, ou que sejam verticais (nesse caso, o coeficiente angular é indefinido):

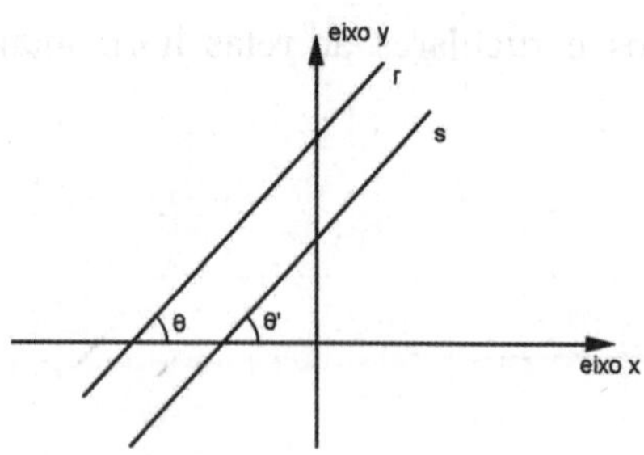

Figura 9: Coeficientes angulares de retas paralelas

Condição de Perpendicularismo:

Duas retas r e s são perpendiculares quando se interceptam (ou seja, são concorrentes) e formam ângulo de 90º. As retas r e s de coeficientes angulares a_r e a_s serão perpendiculares se o produto de seus coeficientes angulares for $\boldsymbol{a_r \cdot a_s = -1}$.

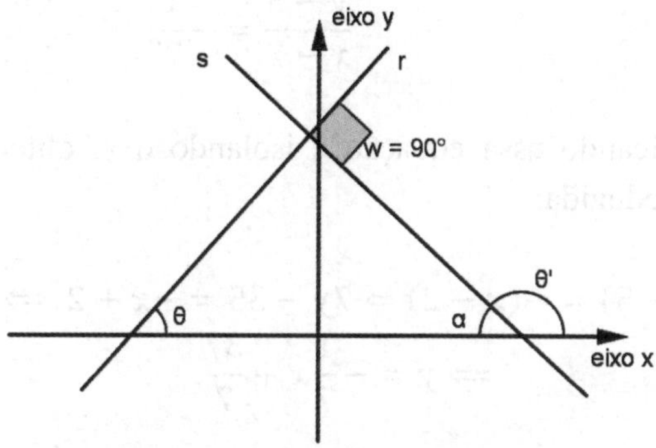

Figura 10: Coeficientes angulares de retas perpendiculares

Para verificar tal afirmação, observe a figura acima. Temos $tg\theta' = -tg\alpha$, já que $\theta' = 180° - \alpha$. Sabendo que $tg\alpha = \frac{1}{tg\theta}$, teremos:

$$tg\theta' = \frac{-1}{tg\theta} \Rightarrow tg\theta' tg\theta = -1 \Rightarrow a_r \cdot a_s = -1.$$

Exemplos:

1) Encontre a equação reduzida para a reta que passa pelos pontos $A(2,5)$ e $B(9,4)$. Determine o ponto de interseção dessa reta com o eixo Oy.

   Uma das formas mais fáceis, e mais intuitivas, consiste em determinar o coeficiente angular da reta:

$$a = \frac{4-5}{9-2} = -\frac{1}{7}.$$

Agora, usando um ponto "genérico" (x, y) e o ponto A (por exemplo, também poderíamos usar o B), recalculamos a inclinação e igualamos a a:

$$\frac{y-5}{x-2} = -\frac{1}{7}.$$

Simplificando essa equação e isolando o y, obtemos a equação na forma reduzida:

$$7(y-5) = -(x-2) \Rightarrow 7y - 35 = -x + 2 \Rightarrow 7y = -x + 37$$
$$\Rightarrow y = -\frac{1}{7}x + \frac{37}{7}.$$

Como o coeficiente linear da reta é $\frac{37}{7}$, segue que o ponto de interseção da reta AB com o eixo Oy é $\left(0, \frac{37}{7}\right)$.

2) Determine uma equação para a reta s que passa pelo ponto $N(2,3)$ e é paralela à reta $t: 3x - 5y = 8$.

Colocando a equação da reta t na forma reduzida, podemos identificar seu coeficiente angular.

$$3x - 5y = 8 \Rightarrow -5y = 8 - 3x \Rightarrow y = -\frac{8}{5} + \frac{3}{5}x.$$

Assim, temos que o coeficiente angular da reta t é $\frac{3}{5}$. Como queremos que a reta s seja paralela à reta t, eles devem ter mesmo coeficiente angular, e sabendo que a reta s passa pelo ponto N, obtemos a equação:

$$\frac{y-3}{x-2}=\frac{3}{5} \Rightarrow 5(y-3)=3(x-2) \Rightarrow 5y-15=3x-6 \Rightarrow$$

$$y=\frac{3}{5}x+\frac{9}{5}.$$

3) Verifique, analiticamente, se os pontos $A(1,2)$, $B(3,5)$ e $C(-4,-6)$ são vértices de um triângulo.

A verificação analítica é sempre importante, porque as figuras que fazemos são meras ilustrações e podem ser bastante imprecisas.

Quando três pontos estão numa mesma reta, eles estão alinhados e dizemos que eles são colineares. Se três pontos distintos não são colineares, então eles são vértices de um triângulo. Assim, basta verificar que A, B e C não estão alinhados. Isso pode ser feito de várias formas. Uma delas é encontrar a equação da reta que passa por A e B e, em seguida, verificar se C pertence a essa reta.

Inclinação da reta AB:

$$a=\frac{5-2}{3-1}=\frac{3}{2}.$$

Equação da reta AB:

$$\frac{y-2}{x-1}=\frac{3}{2} \Rightarrow 2(y-2)=3(x-1) \Rightarrow 2y-4=3x-3 \Rightarrow 2y-3x=1.$$

Substituindo as coordenadas do ponto C nessa última equação,

$$2\cdot(-6)-3\cdot(-4)=0\neq 1\,.$$

Vemos que o ponto não satisfaz a equação e, por isso, não está na reta AB. Assim, A, B e C são não colineares e, portanto, são vértices de um triângulo.

4) Mostre que as alturas do triângulo de vértices $A(1,1)$, $B(3,4)$ e $C(0,2)$ se interceptam num único ponto (chamado de **ortocentro** do triângulo).

Basta encontrarmos as equações das retas suportes das alturas do triângulo e verificar que existe um único par (x, y) que satisfaz às três equações simultaneamente. Vamos começar com a equação da altura relativa ao lado AB. Essa é a reta perpendicular à reta AB passando pelo vértice C:

$$a_{AB} = \frac{4-1}{3-1} = \frac{3}{2}.$$

Como a altura é perpendicular ao lado, decorre que a inclinação da altura é $-\frac{2}{3}$. Assim, indicando a altura relativa ao lado AB por $h(AB)$, temos: $a_{h(AB)} = -\frac{2}{3}$. Usando as coordenadas do ponto C, podemos escrever a equação dessa altura:

$$h(AB): \frac{y-2}{x-0} = -\frac{2}{3} \Rightarrow 3y - 6 = -2x \Rightarrow 2x + 3y = 6.$$

Da mesma forma para as alturas relativas aos lados BC e AC:

$$a_{BC} = \frac{4-2}{3-0} = \frac{2}{3} \Rightarrow a_{h(BC)} = -\frac{3}{2} \Rightarrow h(BC): \frac{y-1}{x-1} = -\frac{3}{2}$$
$$\Rightarrow 3x + 2y = 5.$$

$$a_{AC} = \frac{2-1}{0-1} = -1 \Rightarrow a_{h(AC)} = 1 \Rightarrow h(AC): \frac{y-4}{x-3} = 1 \Rightarrow y = x + 1.$$

Para encontrarmos a interseção entre as alturas relativas aos lados BC e AC, vamos resolver o sistema formado pelas equações dessas retas:

$$\begin{cases} y = x + 1 \\ 3x + 2y = 5 \end{cases}.$$

Substituindo o valor de y da 1ª equação na 2ª:

$$3x + 2(x + 1) = 5 \Rightarrow 3x + 2x + 2 = 5 \Rightarrow x = \frac{3}{5} \Rightarrow y = \frac{3}{5} + 1 = \frac{8}{5}.$$

Até aqui já concluímos que as alturas relativas aos lados AC e BC se interceptam num único ponto $Q\left(\frac{3}{5}, \frac{8}{5}\right)$. Substituindo as coordenadas de Q na equação da altura referente ao lado AB, vemos que Q também é um ponto dessa reta, e, assim, as três alturas se interceptam no ponto Q, o ortocentro do triângulo:

$$h(AB): 2x + 3y = 6 \quad e \quad 2 \cdot \frac{3}{5} + 3 \cdot \frac{8}{5} = \frac{30}{5} = 6.$$

ESTUDO DA CIRCUNFERÊNCIA NO PLANO CARTESIANO – Conforme vimos anteriormente, um círculo é uma figura plana contida por uma linha, a circunferência, tal que todas as linhas retas que vão até ela de um certo ponto de dento do círculo – chamado centro – têm a mesma medida, isto é, são congruentes. Isso significa que uma circunferência fica bem definida, geometricamente, dados seu centro e o raio.

Vamos, a partir do exposto, determinar uma equação geral para as circunferências. Para isso, considere a circunferência λ de centro $C(a, b)$ e raio r. Seja $P(x, y)$ um ponto qualquer da circunferência. Teremos:

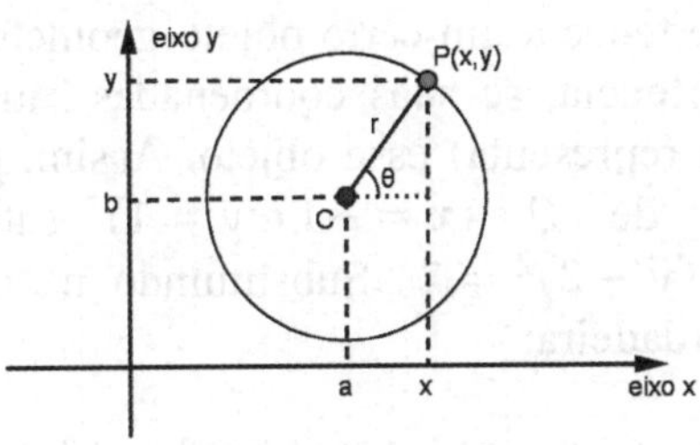

Figura 11: Equação da circunferência

$$d_{(C,P)} = r \Rightarrow \sqrt{(x-a)^2 + (y-b)^2} = r.$$

Elevando os dois membros ao quadrado, temos a equação reduzida da circunferência:

$$\boldsymbol{\lambda: (x-a)^2 + (y-b)^2 = r^2.}$$

Na equação reduzida da circunferência, ficam evidentes as coordenadas do centro e a medida do raio. Por exemplo, a equação $(x-2)^2 + (y-5)^2 = 16$ representa uma circunferência de centro no ponto $C(2,5)$ e de raio $r = 4$; já a equação $x^2 + (y+2)^2 = 1$ representa uma circunferência de centro em $(0,-2)$ e raio 1. Uma circunferência de equação $x^2 + y^2 = r^2$, com $r > 0$ é centrada na origem, com raio r.

Exemplos:

1) Determine a equação reduzida da circunferência de centro em $(-2,2)$ e raio $\sqrt{2}$.

A equação reduzida é obtida substituindo-se as coordenadas do centro e o raio:

$$(x-(-2))^2 + (y-2)^2 = \sqrt{2}^2 \iff (x+2)^2 + (y-2)^2 = 2.$$

2) Verifique se o ponto $Q(-1,1)$ pertence à circunferência do exemplo anterior.

Um ponto pertence a um certo objeto geométrico, como uma reta ou uma circunferência, se suas coordenadas satisfazem a equação que descreve (ou representa) esse objeto. Assim, precisamos saber se as coordenadas de Q ($x = -1$ e $y = 1$) satisfazem à igualdade $(x+2)^2 + (y-2)^2 = 2$. Substituindo na equação, obtemos uma igualdade verdadeira:

$$(-1+2)^2 + (1-2)^2 = 1^2 + 1^2 = 2,$$

o que nos permite concluir que o ponto Q pertence a essa circunferência.

3) Encontre uma equação para a circunferência de centro em $C(3,4)$ e que passa pelo ponto $(2,1)$.

Para determinarmos a equação da circunferência, precisamos conhecer seu centro e o raio. Por definição, o raio de uma circunferência é a distância do centro a qualquer um dos pontos da circunferência. Dessa forma, $r = d_{(C,P)} = \sqrt{(3-2)^2 + (4-1)^2} = \sqrt{10}$. Logo, a equação reduzida dessa circunferência será dada por:

$$(x-3)^2 + (y-4)^2 = 10.$$

Se, a partir da equação reduzida da circunferência, $(x-a)^2 + (y-b)^2 = r^2$, desenvolvermos os quadrados, obteremos a equação geral:

$$\boldsymbol{\lambda: x^2 + y^2 - 2ax - 2by + a^2 + b^2 - r^2 = 0}$$

ou

$$x^2 + y^2 - 2ax - 2by + d = 0, \text{ com } d = a^2 + b^2 - r^2.$$

Exemplos:

1) Determine o centro e o raio da circunferência dada pela equação $x^2 - 8x + y^2 + 2y = 1$.

Para isso, precisaremos reescrever a equação na forma reduzida, o que pode ser feito "completando quadrados":

$$x^2 - 8x = (x-4)^2 - 16$$
$$y^2 + 2y = (y+1)^2 - 1$$

Então, substituindo na equação dada:

$$(x-4)^2 - 16 + (y+1)^2 - 1 = 1 \Rightarrow (x-4)^2 + (y+1)^2 = 18.$$

Portanto, a circunferência tem centro $C(4,-1)$ e raio $r = \sqrt{18} = 3\sqrt{2}$.

2) Encontre uma equação para a reta tangente à circunferência $x^2 + y^2 - 6y = 4$ no ponto $P(2,6)$.

Começamos completando o quadrado:

$$y^2 - 6y = (y-3)^2 - 9 \Rightarrow x^2 + (y-3)^2 - 9 = 4$$
$$\Rightarrow x^2 + (y-3)^2 = 13.$$

Assim, vemos que essa circunferência tem centro no ponto $C(0,3)$ e raio $\sqrt{13}$. Observe que, de fato, P é um ponto da circunferência, pois satisfaz à equação.

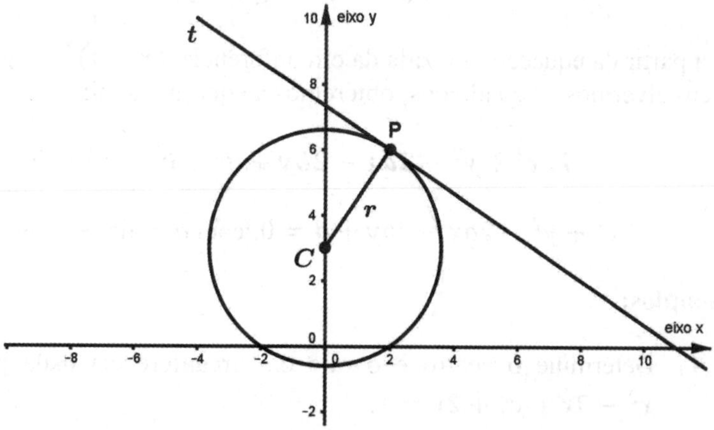

Figura 12: Reta tangente a uma circunferência

A reta tangente à circunferência no ponto P, que vamos indicar por t, deve ser perpendicular ao raio CP. Como

$$a_{CP} = \frac{6-3}{2-0} = \frac{3}{2} \Rightarrow a_t = -\frac{2}{3},$$

a equação da reta tangente pode ser dada por:

$$\frac{y-6}{x-2} = -\frac{2}{3} \Rightarrow 3y - 18 = -2x + 4 \Rightarrow 3y + 2x = 22.$$

EXERCÍCIOS PROPOSTOS:

1) Determine a distância entre os pontos:

$a)$ $A(1,1)$ e $B(5,4)$.
b) $C(-2,3)$ e $D(4,-5)$.

2) A distância entre os pontos $A(m,1)$ e $B(3m,m+1)$ é igual a $\sqrt{20}$. Determine o valor de m.

3) Considere os pontos $A(5,2)$ e $B(3,6)$ e seja Q um ponto pertencente ao eixo Oy. Determine Q de modo que os segmentos $\overline{QA}$ e $\overline{QB}$ tenham o mesmo comprimento.

4) Os pontos $A(6,1)$, $B(-3,5)$ e $C(k+1,3)$ são vértices de um triângulo no plano cartesiano. Determine qual valor a constante k não pode assumir para que tal situação seja verdadeira.

5) Determine o valor de y para o qual o triângulo formado pelos vértices $A(1,3)$, $B(3,5)$ e $C(7,y)$ é retângulo em $\hat{B}$. Determine também as coordenadas do ponto D, simétrico de C em relação à B.

6) Determine o comprimento da mediana relativa ao lado $\overline{BC}$ do triângulo de vértices $A(1,4), B(5,6)$ e $C(7,2)$.

7) Determine a equação geral da reta que passa por

a) $A(2,3)$ e $B(-2,-1)$
b) $C(0,0)$ e $D(2,-5)$
c) $E(3,-2)$ e $(7,2)$

8) Em cada item, determine a equação da reta que:

a) forma 60° com a horizontal e passa em $A(\sqrt{3},7)$.
b) forma 135° com a horizontal e corta o eixo Oy na coordenada -2.

9) Determine os coeficientes angular e linear de cada uma das retas abaixo:

a) $3x - 7y + 2 = 0$
b) $4x + 2y - 3 = 0$

10) Na figura a seguir, temos a representação da reta que passa pelos pontos $A(-1,3)$ e $B(3,5)$. Determine:

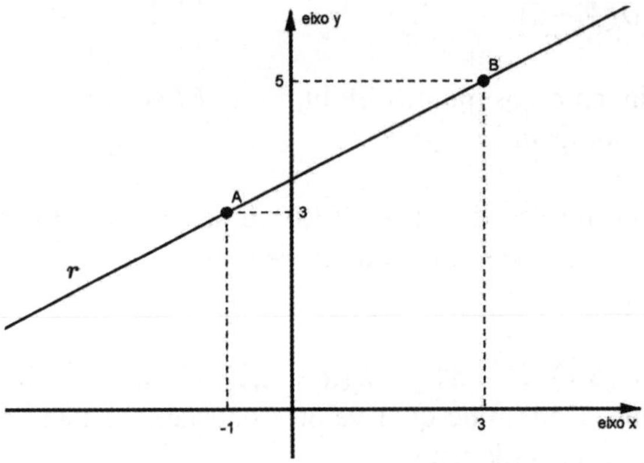

a) Uma equação da reta r.
b) A interseção da reta r com os eixos coordenados.
c) O ponto da reta para o qual a ordenada é o quádruplo da abscissa.

11) Na figura a seguir, o triângulo ABC é equilátero de lado igual a 4. Qual é a equação da reta determinada por A e C?

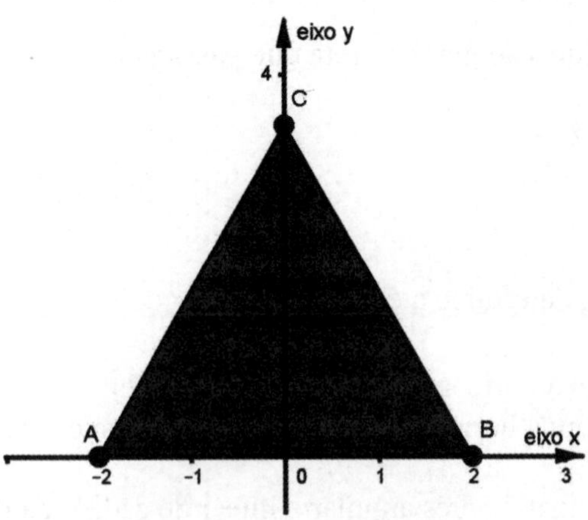

12) Encontre a equação da reta cujos pontos são equidistantes dos pontos $A(1,-3)$ e $B(6,4)$. Essa reta é denominada mediatriz do segmento $\overline{AB}$.

13) Os pontos $A(1,2), B(2,4)$ e $C(x_c, y_c)$ são vértices do triângulo ΔABC, sendo M e $N(\frac{7}{2}, \frac{3}{2})$ os pontos médios dos lados $\overline{AB}$ e $\overline{AC}$, respectivamente.

a) Calcule a distância entre os pontos M e N.
b) Determine a equação geral da reta suporte do lado $\overline{BC}$.

14) Considere as famílias de retas $r: 4x - py - 4 = 0$ e $s: -3x + y + q = 0$, definidas em função de parâmetros reais p e q. Determine valores dos parâmetros para que as retas sejam:

a) paralelas (coincidentes ou distintas).
b) concorrentes.
c) perpendiculares.

15) Dê uma equação da reta r que passa por $P(2,-3)$ e é perpendicular à reta s de equação $s: 6x - 3y + 1 = 0$.

16) Determine a projeção ortogonal (isto é, a interseção da reta r com a reta que passa por P e é ortogonal à r) do ponto $P(3,5)$ sobre a reta $r: x + 2y + 2 = 0$.

17) (UNESP) A reta r é perpendicular à reta $-3x + 4y - 5 = 0$ e passa pelo ponto $(1,2)$. Determine os pontos de r que distam 5 unidades do ponto $(1,2)$.

18) (UFPA) Um agricultor recebe uma herança e decide investir em terras para aumentar sua produção. Resolve comprar um terreno ao lado do seu, e o corretor cobra R$ 2.000,00 a unidade de área. O terreno tem a forma de um quadrilátero de vértices A, B, C e D. Em sua representação no plano cartesiano, em que a unidade em cada dos eixos representa a unidade de comprimento sobre o terreno, tem-se $A(0,0)$, $B(0,1)$ e $D(3,0)$. Sabe-se que a equação da reta que contém os pontos D e C é $3x + 2y = 9$, enquanto que a reta que contém os pontos B e C também passa pelo ponto (4, 2). Faça os cálculos necessários e determine o valor que o agricultor pagará pelo terreno.

19) (UFRN) Considere a reta s e os pontos A, B e C representados na figura a seguir.

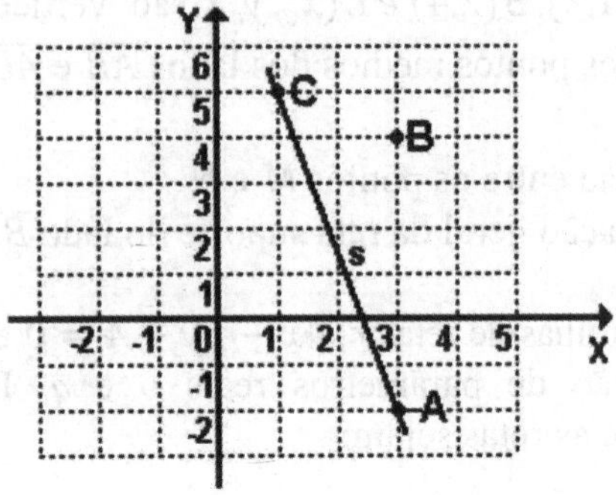

a) Determine as coordenadas cartesianas dos pontos A, B e C.
b) Determine uma equação cuja representação gráfica seja a reta s.
c) Determine uma equação cuja representação gráfica seja a circunferência de centro C que passa pelo ponto B.

20) Determine, em cada caso, o centro e o raio da circunferência dada por:

a) $(x+2)^2+(y-5)^2=9$
b) $x^2+\left(y-\sqrt{7}\right)^2=2$
c) $x^2+y^2=1$
d) $x^2-2x+y^2+6y=-6$

21) Em cada item, esboce a região do plano descrita pelas condições dadas:

a) $3x-5y\geq 0$
b) $y<x+5$ e $x-y<2$
c) $x^2+y^2>16$ e $x>0$
d) $1\leq x^2+y^2<4$
e) $x^2+y^2+4x-2y-4\leq 0$ e $y>2$

22) Em cada caso, determine a equação geral da circunferência de centro em C e raio R:

a) $C(2,4)$ e $R=3$
b) $C(1,-1)$ e $R=\sqrt{2}$

23) (FUVEST) Sejam $A(0,0), B(0,5)$ e $C(4,3)$ pontos do plano cartesiano.

a) Determine o coeficiente angular da reta BC.
b) Determine a equação da mediatriz do segmento BC. O ponto A pertence a esta mediatriz?
c) Considere a circunferência que passa por A, B e C. Determine a equação da reta tangente a esta circunferência no ponto A.

24) (FUVEST) As extremidades de um diâmetro de uma circunferência são $(-3,1)$ e $(5,-5)$. Determine a equação da circunferência.

25) Determine os valores de m para que $x^2 + y^2 - 4x - 6y + m = 0$ represente uma circunferência. (Lembre-se de que o raio deve ser positivo).

26) Determine a equação da circunferência de raio 4, cujo centro é o ponto de encontro entre as retas $r: 3x + 5y - 2 = 0$ e s, reta definida pelos pontos $A(3,3)$ e $B(-3,0)$.

27) Determine se o ponto $A(4,-2)$ é interno ou externo à circunferência de equação $x^2 + y^2 - 6x - 8y - 20 = 0$. Justifique sua resposta.

28) Encontre uma equação para a circunferência que passa pelos pontos $A(2,0), B(1,-1)$ e $C(-1,3)$.

29) (UFRRJ) Em um circo, cujo picadeiro tem – no plano cartesiano – a forma de um círculo de equação igual a $x^2 + y^2 - 12x - 16y - 300 \leq 0$, o palhaço acidentou-se com o fogo do malabarista e saiu desesperadamente do centro do picadeiro, em linha reta, em direção a um poço com água localizado no ponto $(24,32)$. Calcule a distância d percorrida pelo palhaço, a partir do momento em que sai do picadeiro até o momento em que chega ao poço.

30) (UNICAMP) Os ciclistas A e B partem do ponto $P(-1,1)$ no mesmo instante e com velocidades de módulos constantes. O ciclista A segue a trajetória descrita pela equação $4y - 3x - 7 = 0$ e o ciclista B, a trajetória descrita pela equação $x^2 + y^2 - 6x - 8y = 0$. As trajetórias estão no mesmo plano e a unidade de medida de comprimento é o km. Pergunta-se:

a) Quais as coordenadas do ponto Q, distinto de P, onde haverá cruzamento das duas trajetórias?

b) Se a velocidade do ciclista A for de 20 km/h, qual deverá ser a velocidade do ciclista B para que cheguem no mesmo instante ao ponto Q?

EXERCÍCIOS DE REVISÃO:

1) (ENEM) Um bairro de uma cidade foi planejado em uma região plana, com ruas paralelas e perpendiculares, delimitando quadras de mesmo tamanho. No plano de coordenadas cartesianas seguinte, esse bairro localiza-se no segundo quadrante, e as distâncias nos eixos são dadas em quilômetros.

A reta de equação $y = x + 4$ representa o planejamento do percurso da linha do metrô subterrâneo que atravessará o bairro e outras regiões da cidade. No ponto $P(-5, 5)$, localiza-se um hospital público.

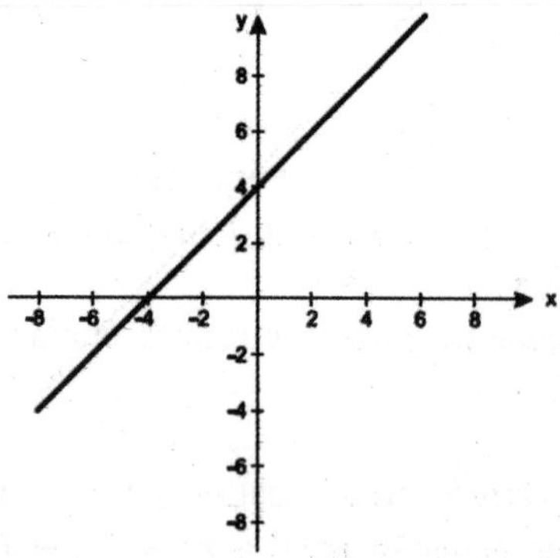

A comunidade solicitou ao comitê de planejamento que fosse prevista uma estação do metrô de modo que sua distância ao hospital, medida em linha reta, não fosse maior que 5 km. Atendendo ao pedido da comunidade, o comitê argumentou corretamente que isso seria automaticamente satisfeito, pois já estava prevista a construção de uma estação no ponto:

a) $(-5, 0)$
b) $(-3, 1)$
c) $(-2, 1)$
d) $(0, 4)$
e) $(2, 6)$

2) (ENADE) Assinale a opção que contém o sistema de inequações que determina a região triangular ΔPQR desenhada abaixo.

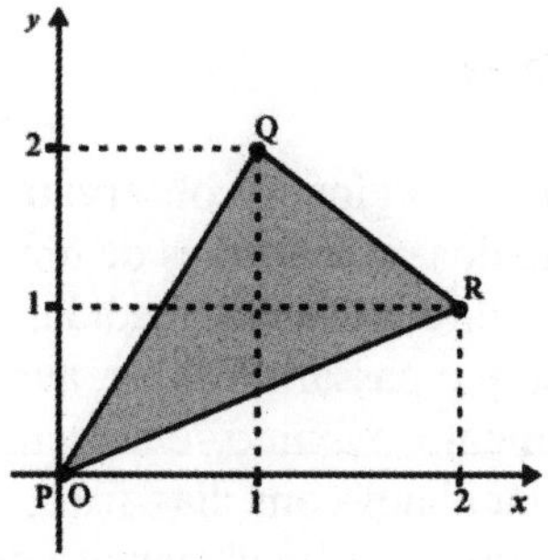

a) $\begin{cases} y - 2x < 0 \\ 2y - x < 0 \\ y + x > 3 \end{cases}$ b) $\begin{cases} y - 2x > 0 \\ 2y - x > 0 \\ y + x > 3 \end{cases}$ c) $\begin{cases} y - 2x < 0 \\ 2y - x < 0 \\ y + x < 3 \end{cases}$

d) $\begin{cases} y - 2x > 0 \\ 2y - x < 0 \\ y + x > 3 \end{cases}$ e) $\begin{cases} y - 2x < 0 \\ 2y - x > 0 \\ y + x < 3 \end{cases}$

3) (UEPA) O comandante de um barco resolveu acompanhar a procissão fluvial do Círio, fazendo o percurso em linha reta. Para tanto, fez uso do sistema de eixos cartesianos para melhor orientação. O barco seguiu a direção que forma 45° com o sentido positivo do eixo x, passando pelo ponto de coordenadas $(3, 5)$. Este trajeto ficou bem definido pela equação:

a) $y = 2x - 1$
b) $y = -3x + 14$
c) $y = x + 2$
d) $y = -x + 8$
e) $y = 3x - 4$

4) (UFSM) Sejam $r: x + qy - 1 = 0$ e $s: px + 5y + 2 = 0$ duas retas perpendiculares entre si. Então, é correto afirmar que:

a) $p/q = -5$
b) $p/q = 5$

c) $p/q = 1$
d) $p \cdot q = -1$
e) $p \cdot q = 5$

5) (UERJ) Sabedoria egípcia

Há mais de 5.000 anos os egípcios observaram que a sombra no chão provocada pela incidência dos raios solares de um gnômon (um tipo de vareta) variava de tamanho e de direção. Com medidas feitas sempre ao meio dia, notaram que a sombra, com o passar dos dias, aumentava de tamanho. Depois de chegar a um comprimento máximo, ela recuava até perto da vareta. As sombras mais longas coincidiam com dias frios. E as mais curtas, com dias quentes. (Adaptado de Revista "Galileu", janeiro de 2001.)

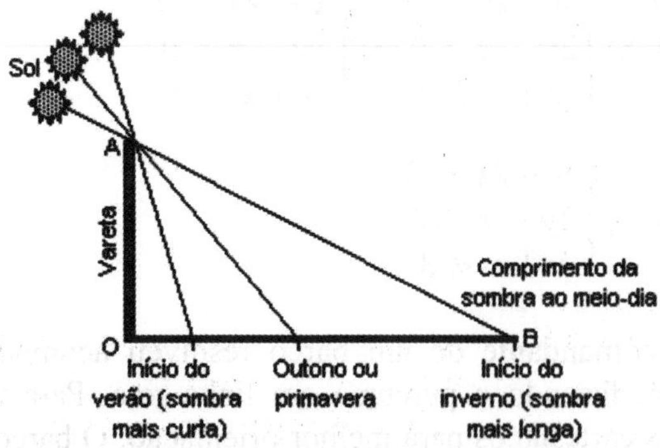

Um estudante fez uma experiência semelhante à descrita no texto, utilizando uma vareta OA de 2 metros de comprimento. No início do inverno, mediu o comprimento da sombra OB, encontrando 8 metros. Utilizou, para representar sua experiência, um sistema de coordenadas cartesianas, no qual o eixo das ordenadas (y) e o eixo das abscissas (x) continham, respectivamente, os segmentos de reta que representavam a vareta e a sombra que ela determinava no chão. Esse estudante pôde, assim, escrever a seguinte equação da reta que contém o segmento AB:

a) $y = 8 - 4x$
b) $x = 6 - 3y$
c) $x = 8 - 4y$
d) $y = 6 - 3x$

6) (PUC-SP) Dois navios navegavam pelo Oceano Atlântico, supostamente plano: X, à velocidade constante de 16 milhas por hora, e Y à velocidade constante de 12 milhas por hora. Sabe-se que às 15 horas de certo dia Y estava exatamente 72 milhas ao sul de X e que, a partir de então, Y navegou em linha reta para o leste, enquanto que X navegou em linha reta para o sul, cada qual mantendo suas respectivas velocidades. Nessas condições, às 17 horas e 15 minutos do mesmo dia, a distância entre X e Y, em milhas, era:

a) 45
b) 48
c) 50
d) 55
e) 58

7) (UEL) Uma circunferência de raio 2 tem centro na origem do sistema cartesiano de coordenadas ortogonais. Assim, é correto afirmar:

a) Um dos pontos em que a circunferência intercepta o eixo x é $(0,1)$.
b) A reta de equação $y = -2$ é tangente à circunferência.
c) A equação da circunferência é $x^2 + y^2 + 4 = 0$.
d) A reta de equação $y = x + 2$ não intercepta a circunferência.
e) O ponto $(2,2)$ está no interior da circunferência.

8) (UEL) A distância do centro C da circunferência à reta r é:

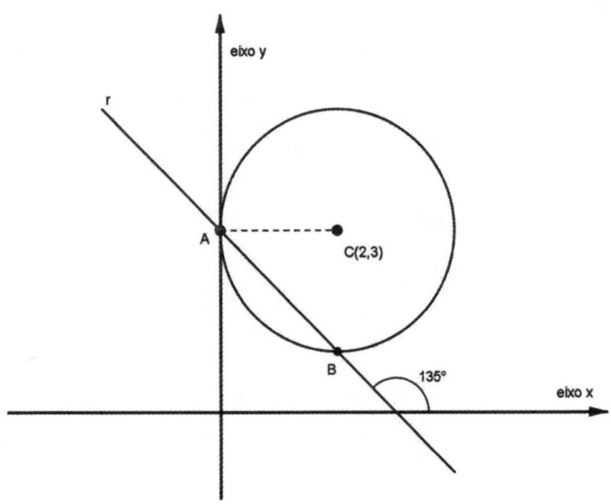

a) $(\sqrt{2})/2$
b) $\sqrt{2}$
c) $2\sqrt{2}$
d) $3\sqrt{2}$
e) $4\sqrt{2}$

CAPÍTULO 2 - ESTUDO DAS CÔNICAS

Objetivos Principais: Ao final deste tópico, você deverá ser capaz de identificar as cônicas (parábolas, elipses e hipérboles) a partir de suas equações; determinar a equação de uma cônica dados alguns de seus elementos geométricos; resolver situações-problema que envolvam as cônicas.

DEFINIÇÃO – Um cone de revolução é a superfície obtida quando giramos uma reta g em torno de um eixo e, que intercepta a reta. Denominamos e como o **eixo de simetria** e g a **reta geratriz** do cone de revolução. Quando "cortamos" o cone por planos, ou seja, quando fazemos a interseção do cone por planos em diversas posições, obtemos uma série de curvas, conhecidas como cônicas. Assim, uma cônica pode ser definida geometricamente como uma curva de interseção entre um plano e um cone de revolução. Dependendo da posição do plano relativamente ao cone, as cônicas podem ser Parábolas, Elipses (Circunferência é um caso particular) ou Hipérboles.

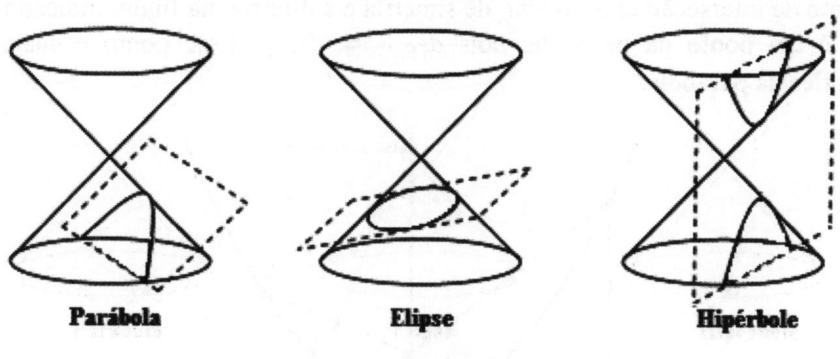

Figura 1: Cônicas como secções planas de um cone

- **Parábolas**: Plano de secção paralelo à geratriz.

- **Elipses**: Plano de secção não paralelo à geratriz, interceptando apenas uma das folhas do cone. Caso o plano seja perpendicular ao eixo de simetria, temos uma circunferência.

- **Hipérboles**: Plano de secção não paralelo à geratriz, interceptando duas folhas do cone de revolução.

O estudo das cônicas é mais simples quando usamos uma definição alternativa, em que as curvas são dadas por propriedades específicas de seus pontos. Essas propriedades geométricas estão relacionadas à distância dos pontos da curva a pontos e\ou retas fixos do plano. A seguir, faremos um estudo mais detalhado de cada tipo de cônica, e por meio da definição geométrica de cada uma delas, poderemos deduzir suas equações em situações particulares.

PARÁBOLA – É o lugar geométrico dos pontos do plano equidistantes ("que estão a uma mesma distância") de uma reta fixa ℓ (chamada de **reta diretriz**) e de um ponto fixo F (chamado de **foco**), não pertencente à reta.

A reta perpendicular à diretriz passando pelo foco F é chamada de **eixo de simetria** da parábola. Note que o ponto médio do segmento que une o foco ao ponto de interseção entre o eixo de simetria e a diretriz, na figura indicado por V, é um ponto da parábola, pois $d_{(F,V)} = d_{(V,\ell)}$. Esse ponto é chamado **vértice** da parábola.

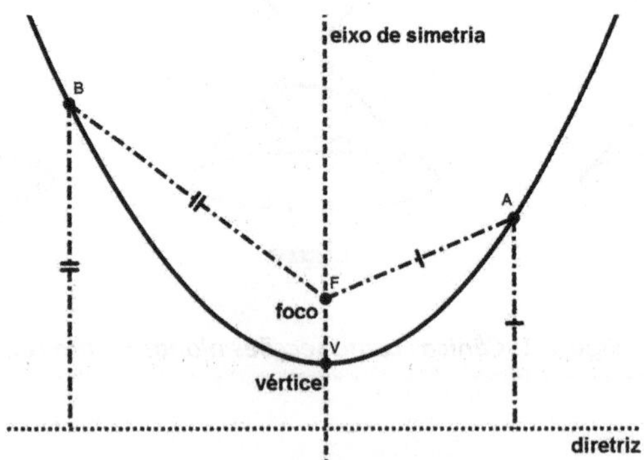

Figura 2: Parábola e seus elementos principais

Vamos desenvolver uma equação para a parábola em dois casos particulares:

i. Foco no eixo Oy e diretriz horizontal.
ii. Foco no eixo Ox e diretriz vertical.

Caso i. Vamos então supor a reta diretriz horizontal e o foco $F(0,p)$ localizado no eixo Oy. Para qualquer ponto $A(x,y)$ da parábola, temos que $d_{(A,F)} = d_{(A,\ell)}$, e, portanto, $(d_{(A,F)})^2 = (d_{(A,\ell)})^2$.

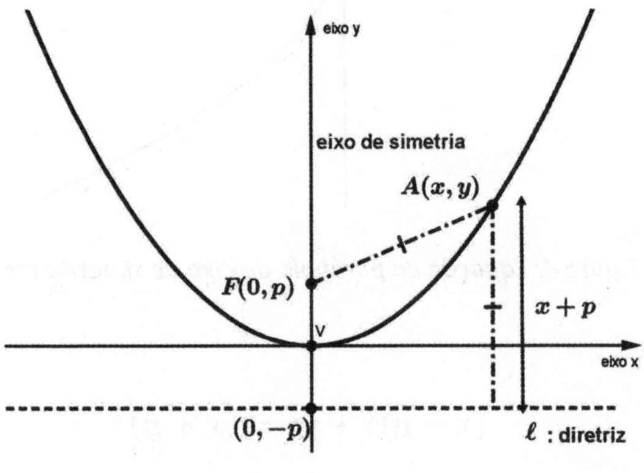

Figura 3: Equação das parábolas com eixo de simetria em Oy

Assim:

$$x^2 + (y - p)^2 = (y + p)^2$$

$$x^2 + y^2 - 2py + p^2 = y^2 + 2py + p^2$$

$$\mathbf{x^2 = 4py.}$$

Caso ii. Supondo que a diretriz seja vertical e o foco $F(p\,,0)$ esteja no eixo Ox e sendo $A(x,y)$ um ponto qualquer da parábola, segue que $(d_{(A,F)})^2 = (d_{(A,\ell)})^2$.

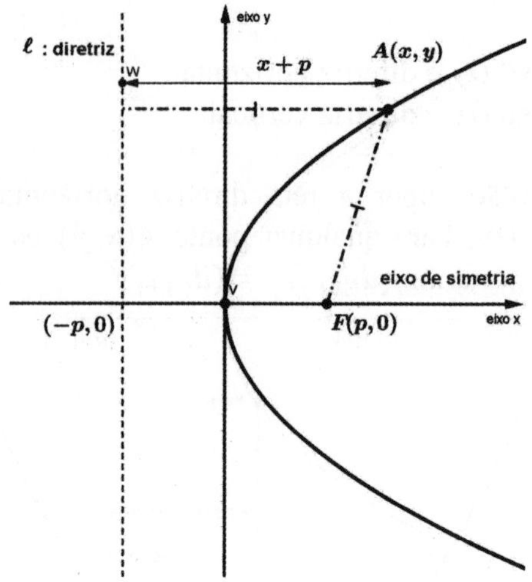

Figura 4: Equação da parábola de eixo de simetria em Ox

Assim:

$$(x-p)^2 + y^2 = (x+p)^2$$

$$x^2 - 2px + p^2 + y^2 = x^2 + 2px + p^2$$

$$\mathbf{y^2 = 4px.}$$

Exemplos:

1) Encontre uma equação para a parábola de foco no ponto $F(0,-2)$, vértice na origem e diretriz horizontal.

Essa parábola tem equação na forma padrão $y^2 = 4px$, sendo $p = -2$. Portanto, sua equação é:

$$y^2 = -8x\,.$$

2) Identifique o foco e a reta diretriz da parábola dada por $y = x^2$.

Essa é uma parábola que tem equação na forma padrão $x^2 = 4py$. Nesse caso, $4p = 1 \Rightarrow p = \frac{1}{4}$. Portanto, a parábola $y = x^2$ tem foco no ponto $F\left(0, \frac{1}{4}\right)$ e a reta diretriz é a reta horizontal $y = -\frac{1}{4}$.

3) Descreva o conjunto de pontos (x, y) em $\mathbb{R}^2$ que satisfazem a equação $y^4 = 4x^2$.

Observe que a equação $y^4 = 4x^2$ é equivalente a $y^4 - 4x^2 = 0$. Fatorando o 1º membro (que é uma "diferença de quadrados"), temos que:

$$(y^2 - 2x)(y^2 + 2x) = 0.$$

Como um produto de número reais somente pode dar 0 quando um dos fatores for nulo, conclui-se que:

$$y^2 = 2x \text{ ou } y^2 = -2x$$

Assim, o conjunto de pontos (x, y) do plano que satisfazem a equação $y^4 = 4x^2$ é formado de duas parábolas horizontais, conforme ilustra a figura seguinte:

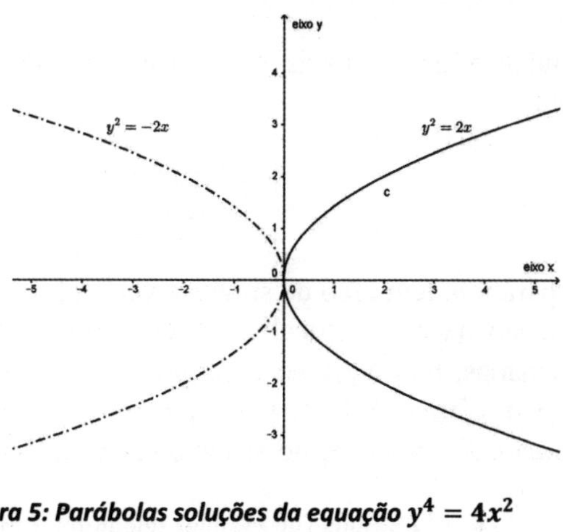

Figura 5: Parábolas soluções da equação $y^4 = 4x^2$

Parábolas com Vértice Fora da Origem: Nem sempre o vértice de uma parábola é a origem. Vamos supor que o vértice seja o ponto $V(r, s)$.

Podemos aplicar uma mudança de coordenadas, fazendo $X = x - r$ e $Y = y - s$, para que o vértice no novo sistema de coordenadas, (X, Y), seja a origem. Então:

Se o eixo de simetria é paralelo a Oy, a equação da parábola terá a forma padrão:

$$X^2 = 4pY \Rightarrow$$

$$(x - r)^2 = 4p(y - s).$$

Já se o vértice da parábola está em $V = (r, s)$, com o eixo de simetria paralelo a Ox, a equação terá a forma:

$$Y^2 = 4pX \Rightarrow$$

$$(y - s)^2 = 4p(x - r)\,.$$

Nos dois casos, o parâmetro p representa a distância entre o foco e o vértice.

Exemplos:

1) Determine uma equação para a parábola de foco (2,2) e vértice no ponto (2,3).

A mudança de variáveis necessária para deslocar o vértice até a origem é:

$$\begin{cases} X = x - 2 \\ Y = y - 3 \end{cases}.$$

Essa parábola tem eixo de simetria vertical (observe que o vértice e o foco estão na reta vertical $x = 2$) e, por isso, no novo sistema de coordenadas, tem equação dada por $X^2 = 4pY$. A distância entre o foco e o vértice é 1, e, por isso, $p = 1$. Portanto, a equação da parábola é $X^2 = 4Y$, e, no sistema usual de coordenadas, $(x - 2)^2 = 4(y - 3)$.

2) Determine o vértice, o foco e a equação da reta diretriz da parábola de equação $(y + 1)^2 = -12(x - 5)$.

Aqui, a mudança de variáveis necessária para deslocar o vértice até a origem é:

$$\begin{cases} X = x - 5 \\ Y = y + 1 \end{cases}.$$

Nas novas coordenadas, a equação se reescreve como: $Y^2 = -12X$, que representa uma parábola horizontal, concavidade voltada para a esquerda, com $p = -3$. Assim, as coordenadas do vértice são $X = 0$ e $Y = 0$. Como $\begin{cases} x = X + 5 \\ y = Y - 1 \end{cases}$, o vértice é $V(5, -1)$. Analogamente, o foco tem coordenadas $X = -3$ e $Y = 0$ e, portanto, $F(2, -1)$. A reta diretriz tem equação $X = 3$, ou seja, $x = 8$.

Observação: As parábolas são frequentemente reconhecidas como gráficos de funções de 2º grau. De fato, as curvas do tipo $y = ax^2 + bx + c$ são gráficos de funções quadráticas e são parábolas "verticais", com vértice no ponto $V(-\frac{b}{2a}, -\frac{\Delta}{4a})$. De fato, como vimos acima, uma parábola vertical de vértice no ponto $V(r, s)$ tem equação $(x - r)^2 = 4p(y - s)$, ou, de forma equivalente:

$$y - s = \frac{1}{4p}(x - r)^2 \Leftrightarrow y = s + \frac{1}{4p}(x - r)^2.$$

Vamos então rescrever a equação $y = ax^2 + bx + c$ nessa forma.

$$y = a\left(x^2 + \frac{b}{a}x + \frac{c}{a}\right) \Rightarrow$$

$$y = a\left[\left(x + \frac{b}{a}\right)^2 + \frac{c}{a} - \frac{b^2}{4a^2}\right] = a\left[\left(x - \left(\frac{b}{a}\right)\right)^2 - \frac{\Delta}{4a^2}\right]$$

$$= -\frac{\Delta}{4a} + a\left(x - \left(\frac{b}{a}\right)\right)^2.$$

Portanto, $s = -\frac{\Delta}{4a}, r = -\frac{b}{a}$ e $\frac{1}{4p} = a$, ou seja, $p = \frac{1}{4a}$.

Deixaremos como exercício para o leitor identificar o foco e a diretriz. Da mesma forma, as curvas do tipo $x = ay^2 + by + c$ são gráficos de funções quadráticas (neste caso, x é função de y) e são parábolas horizontais.

Observação: Também é possível estudar as parábolas que têm eixo de simetria (ou, equivalentemente, retas diretrizes) diferentes da horizontal e da vertical. São as chamadas parábolas rodadas (ou rotacionadas). O mesmo vale para as elipses e hipérboles rotacionadas. Entretanto, pela complexidade das ferramentas de Álgebra Linear necessárias, não desenvolveremos esse estudo aqui.

Propriedade Refletora das Parábolas: As parábolas têm uma propriedade muito importante, que as torna úteis em diversas situações práticas. Trata-se da propriedade de reflexão, ou seja, cada raio que incide sobre a parábola paralelamente ao eixo de simetria reflete em direção ao foco. Mais especificamente: em cada ponto P da parábola, a reta tangente forma ângulos congruentes com a reta que une P ao foco e a reta passando por P paralela ao eixo da parábola, como ilustra a figura:

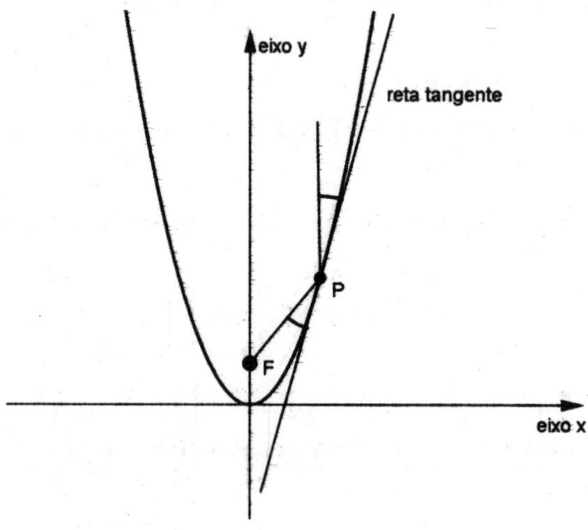

Figura 6: Propriedade refletora das parábolas

Como se sabe da Física, o ângulo de incidência de uma onda qualquer em um obstáculo é igual ao ângulo de reflexão. Assim, se imaginarmos que um raio de luz incide paralelamente ao eixo de simetria sobre o ponto P, ele será refletido com o mesmo ângulo, portanto, na direção do foco. Isso justifica o uso das antenas parabólicas. Se a parábola é uma superfície refletora, os raios de luz que viajam paralelamente ao eixo são refletidos para o foco, tornando o sinal de recepção mais forte. Analogamente, temos o funcionamento dos faróis de carro, que propositalmente têm formato parabólico, com a lâmpada situada sobre o foco se desejarmos um feixe de raios paralelos entre si.

ELIPSE – Dados dois pontos fixos F_1 e F_2 do plano, com $\overline{F_1F_2} = 2c$, chamamos de elipse o lugar geométrico dos pontos deste plano cuja soma das distâncias aos pontos F_1 e F_2 (chamados de **focos** da elipse) é uma constante.

A elipse tem um aspecto como indicado na figura abaixo. O segmento de reta unindo dois pontos da elipse e que passa pelos focos chama-se **eixo maior**, e o segmento de reta unindo dois pontos da elipse sobre a mediatriz do eixo maior é chamado de **eixo menor**. Os pontos de interseção da elipse com os eixos (na figura os pontos A_1, A_2, B_1 e B_2) são chamados de **vértices** da elipse.

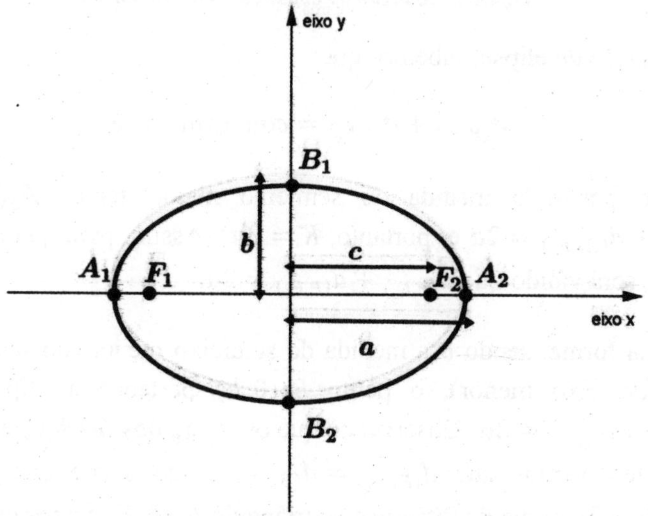

Figura 7: Elipse e seus elementos principais

O ponto médio do segmento $\overline{F_1F_2}$ é o **centro** da elipse. Vamos deduzir uma equação que descreve a elipse em algumas posições principais. Considere uma elipse centrada na origem e com semieixo maior em Ox:

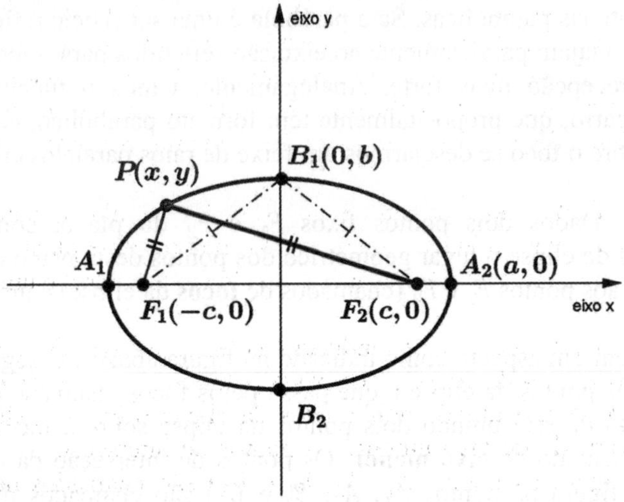

Figura 8: Equação da elipse com eixo maior Ox

Pela definição de elipse, sabemos que:

$$d_{(P,F_1)} + d_{(P,F_2)} = constante = K.$$

Indicando por a a medida do semieixo maior, temos $A_2(a,0)$, então $d_{(A_2,F_1)} + d_{(A_2,F_2)} = 2a$ e, portanto, $K = 2a$. Assim, para qualquer ponto P da elipse, será válido que $d_{(P,F_1)} + d_{(P,F_2)} = 2a$.

Da mesma forma, sendo b a medida do semieixo menor (ou seja, metade da medida do eixo menor), o ponto $B_1(0,b)$ pertence à elipse. Portanto, $d_{(B_1,F_1)} + d_{(B_1,F_2)} = 2a$. Observando que os triângulos ΔOB_1F_1 e ΔOB_2F_2 são congruentes, vemos que $d_{(B_1,F_1)} = d_{(B_1,F_2)}$ e daí segue que $d_{(B_1,F_1)} = a$. Aplicando o Teorema de Pitágoras ao triângulo ΔOB_1F_1, temos que:

$$a^2 = b^2 + c^2.$$

De posse dessa relação, já podemos desenvolver a equação da elipse. Vamos considerar um ponto genérico $P(x,y)$ pertencente à elipse. Assim, $d_{(P,F_1)} + d_{(P,F_2)} = 2a$.

Aplicando a fórmula da distância entre dois pontos, teremos:

$$\sqrt{(x+c)^2+y^2} + \sqrt{(x-c)^2+y^2} = 2a \Rightarrow \sqrt{(x+c)^2+y^2} = 2a - \sqrt{(x-c)^2+y^2}.$$

Elevando os dois lados ao quadrado, teremos:

$$x^2+y^2+2cx+c^2 = 4a^2 - 4a\sqrt{(x-c)^2+y^2} + x^2+y^2-2cx+c^2.$$

Realizando os cancelamentos, chegaremos à:

$$a\sqrt{(x-c)^2+y^2} = a^2 - cx.$$

Elevando novamente os dois lados ao quadrado, para evitarmos a raiz quadrada, obteremos:

$$a^2x^2 + a^2y^2 - 2a^2cx + a^2c^2 = a^4 - 2a^2cx + c^2x^2 \Rightarrow a^2x^2 - c^2x^2 + a^2y^2 = a^4 - a^2c^2.$$

Fatorando, colocando os termos comuns em evidência,

$$(a^2-c^2)x^2 + a^2y^2 = (a^2-c^2)a^2. (*)$$

Como visto anteriormente:

$$a^2 = b^2 + c^2.$$

Substituindo na equação $(*)$, a reescrevemos como:

$$b^2x^2 + a^2y^2 = b^2a^2.$$

E, finalmente, dividindo por a^2b^2, chegaremos a:

$$\frac{x^2}{a^2}+\frac{y^2}{b^2}=1.$$

Se o semieixo maior estiver em Oy, é fácil ver que teríamos:

$$\frac{x^2}{b^2}+\frac{y^2}{a^2}=1.$$

Caso a elipse esteja centrada fora da origem, digamos que no ponto $C(r,s)$, e com o semieixo maior paralelo a Ox, aplicamos a mudança de variáveis $X=x-r$ e $Y=y-s$, que translada o centro para a origem $X=0$, $Y=0$, obtendo a equação:

$$\frac{X^2}{a^2}+\frac{Y^2}{b^2}=1,$$

e, voltando para as coordenadas usuais x e y, obtemos a equação:

$$\frac{(x-r)^2}{a^2}+\frac{(y-s)^2}{b^2}=1.$$

Se o semieixo maior estiver paralelo ao eixo Oy:

$$\frac{(x-r)^2}{b^2}+\frac{(y-s)^2}{a^2}=1.$$

Excentricidade: A excentricidade de uma elipse (indicada por e) é um número real positivo ($e > 0$) que é definido como o quociente entre a metade da distância focal e a metade da medida do eixo maior da elipse, ou seja:

$$e=\frac{c}{a},$$

sendo ela uma medida da deformação, ou do achatamento, da elipse.

Lembrando que, obrigatoriamente, $a > c > 0$, o quociente e sempre será um número compreendido entre 0 e 1. Pela caracterização algébrica da excentricidade, quanto maior for a distância focal de uma elipse, com a fixado, mais a excentricidade se aproxima do valor 1 e mais "achatada" será a elipse. Analogamente, quanto menor for a distância focal de uma elipse, com a fixado, mais a excentricidade se aproxima do valor 0, e mais próximo de uma circunferência estará a elipse.

No caso particular em que $a = b$, temos $c = 0$ e a elipse é uma circunferência. Assim, podemos considerar que toda circunferência é uma elipse.

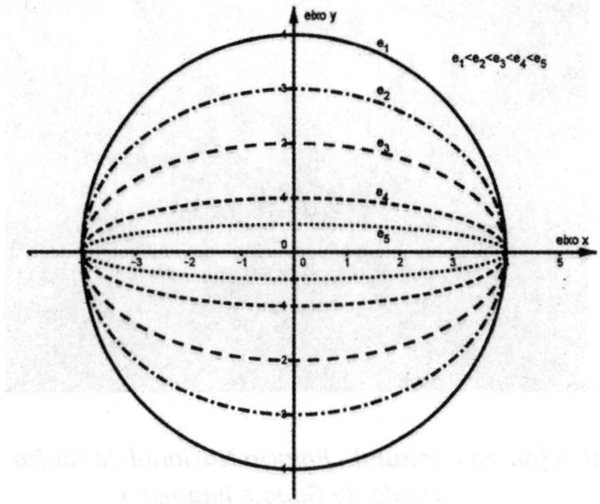

Figura 9: Elipses com excentricidades diferentes

Propriedade Refletora da Elipse: A exemplo do que ocorre com as parábolas, as elipses têm uma propriedade refletora que lhes garantem um grande número de aplicações. Em cada ponto da elipse, a reta tangente forma ângulos congruentes com os segmentos que unem o ponto de tangência aos focos (chamados de raios focais).

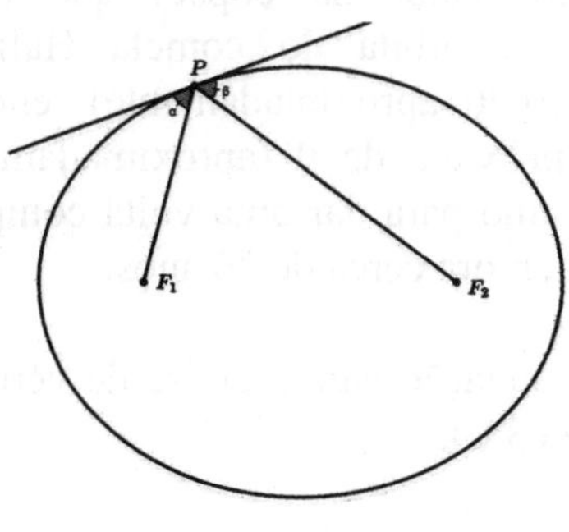

Figura 10: Propriedade refletora das elipses

Recorrendo novamente à Física, isso significa dizer que uma onda que parte de um foco e incide na elipse reflete sobre o outro foco. Isso explica a interessante experiência da "sala do sussurro", uma sala em formato elíptico em que duas pessoas ocupando as posições dos focos, sussurrando, bem baixinho, conseguem ouvir uma a outra, sem que outras pessoas, localizadas longe dos focos, as escutem.

Figura 11: Sala Elíptica (ou do Capitulo) - Palácio Nacional de Mafra – Portugal (Imagem extraida do Google Imagens)

Exemplos:

1) A 1ª Lei de Kepler afirma que a órbita de um planeta ou cometa em torno do Sol é elíptica, tendo o Sol em um dos focos. Já a 3ª Lei de Kepler afirma que, em um referencial fixo no Sol, o quadrado do período de revolução (tempo gasto para dar uma volta completa) de um planeta ao redor do Sol é proporcional ao cubo do raio médio de órbita (semieixo maior da elipse) que representa a órbita do planeta/cometa. A órbita do cometa Halley tem excentricidade próxima de 1 (0,96 aproximadamente), enquanto a da Terra tem excentricidade próxima de 0 (aproximadamente 0,02). Enquanto a Terra demora 1 ano para dar uma volta completa em torno do sol, o cometa Halley demora cerca de 76 anos.

2) Determine uma equação para a elipse de vértices nos pontos $(-3,0)$, $(0,-4)$, $(0,4)$ e $(3,0)$.

Se os vértices são esses, o eixo maior é o eixo dos y e temos $a = 3$ e $b = 4$. Assim, uma equação para a elipse será:

$$\frac{x^2}{9} + \frac{y^2}{16} = 1.$$

3) Esboce a elipse de equação $x^2 + 4y^2 = 100$.

Dividindo os dois membros da equação por 100, obtemos a forma padrão: $\frac{x^2}{100} + \frac{y^2}{25} = 1$.

Portanto, a elipse terá eixo maior em x, de $(-10,0)$ a $(10,0)$, e eixo menor y, de $(0,-5)$ até $(0,5)$, sendo uma elipse "horizontal":

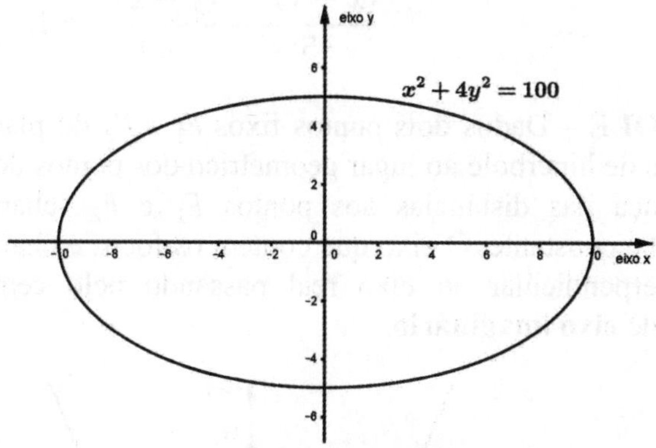

Figura 12: Esboço da elipse do exemplo 3

4) Encontre uma equação para a elipse de centro no ponto $C(1,2)$, um dos focos em $F(6,2)$ e que passa pelo ponto $A(4,6)$.

Como o centro é o ponto $C(1,2)$, e o centro e o foco se encontram na reta $y = 2$, podemos aplicar a mudança de variáveis $X = x - 1$ e $Y = y - 2$, para obtermos a equação padrão da elipse:

$$\frac{X^2}{a^2} + \frac{Y^2}{b^2} = 1 \Rightarrow \frac{(x-1)^2}{a^2} + \frac{(y-2)^2}{b^2} = 1.$$

O foco F tem coordenadas $X = 6 - 1 = 5$ e $Y = 2 - 2 = 0$.

$$\frac{(4-1)^2}{a^2}+\frac{(6-2)^2}{b^2}=1 \Rightarrow \frac{9}{a^2}+\frac{16}{b^2}=1 \Rightarrow \frac{9}{a^2}+\frac{16}{a^2-25}=1$$
$$\Rightarrow$$

$$9(a^2-25)+16a^2=a^2(a^2-25) \Rightarrow a^4-50a^2+225=0.$$

Resolvendo essa equação, chegamos em $a^2 = 45$ ou $a^2 = 10$. Mas $a^2 > 25$. Portanto, só resta a solução $a^2 = 45$. A equação da elipse será:

$$\frac{(x-1)^2}{45}+\frac{(y-2)^2}{20}=1.$$

HIPÉRBOLE – Dados dois pontos fixos F_1 e F_2 do plano, com $\overline{F_1F_2} = 2c$, chamamos de hipérbole ao lugar geométrico dos pontos do plano cujo módulo da diferença das distâncias aos pontos F_1 e F_2 (chamados de **focos** da hipérbole) é constante. O eixo que contém os focos é chamado de **eixo real**, e o eixo perpendicular ao eixo real passando pelo centro da hipérbole é chamado de **eixo imaginário**.

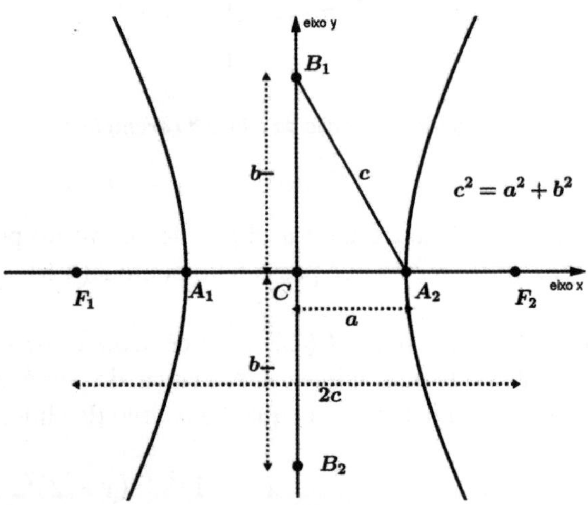

Figura 13: Hipérbole e seus elementos principais

O ponto médio entre os focos é chamado de **centro da hipérbole**. Vamos desenvolver equações para hipérboles centradas na origem e com eixos real e imaginário paralelos aos eixos coordenados.

Considere uma hipérbole centrada na origem e com eixo real em Ox. É possível deduzir, na construção acima que:

$$c^2 = a^2 + b^2$$

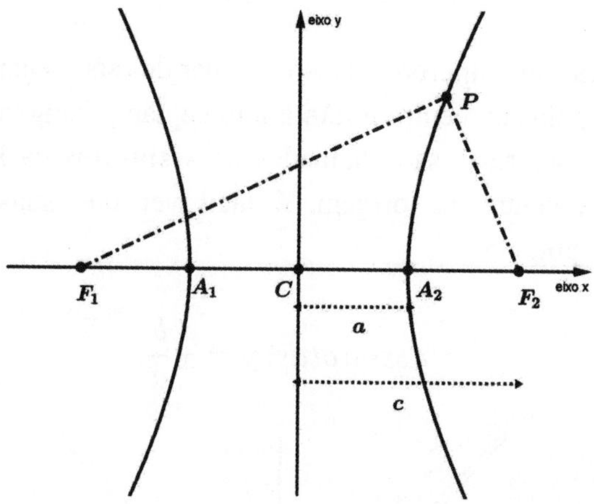

Figura 14: Equação da hipérbole de eixo real Ox

Pela definição, sabemos que:

$$\left|d_{(P,F_1)} - d_{(P,F_2)}\right| = constante = 2a.$$

Por procedimento algébrico semelhante ao desenvolvido para a equação da elipse, chegamos a:

$$\frac{x^2}{a^2} - \frac{y^2}{b^2} = 1.$$

Se o eixo real estiver em Oy, teremos:

$$\frac{y^2}{a^2} - \frac{x^2}{b^2} = 1.$$

Caso a hipérbole esteja centrada em $C(r, s)$ e eixo real paralelo a Ox, teremos:

$$\frac{(x-r)^2}{a^2} - \frac{(y-s)^2}{b^2} = 1.$$

Se o eixo real for paralelo a Oy:

$$\frac{(y-s)^2}{a^2} - \frac{(x-r)^2}{b^2} = 1.$$

Assíntotas: Para cada hipérbole, existe um par de retas secantes formando um X, que passam pelo seu centro e **não** a interceptam, "tangenciando" os ramos da hipérbole. Essas retas são chamadas de **assíntotas** da hipérbole. Caso a hipérbole tenha centro na origem, é fácil ver que suas assíntotas terão equações dadas por:

$$Assíntotas: y = \pm\frac{b}{a}x$$

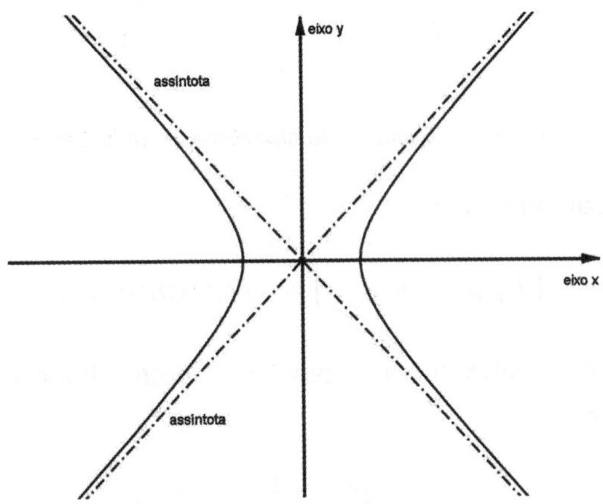

Figura 15: Assíntotas da hipérbole

Observe que as equações das assíntotas podem ser obtidas da equação da hipérbole na forma padrão, substituindo-se no 2º membro, o 1 por 0:

$$\frac{y^2}{a^2} - \frac{x^2}{b^2} = 1 \; (eq. da\; hipérbole) \qquad \frac{y^2}{a^2} - \frac{x^2}{b^2} = 0 \; (eq. das\; assíntotas).$$

Podemos esboçar uma hipérbole centrada na origem, construindo primeiramente o retângulo de vértices $(a, b), (a, -b), (-a, b)$ e $(-a, -b)$, chamado de **retângulo de referência**. As diagonais desse retângulo estão sobre as retas assíntotas da hipérbole. Em seguida, marcamos os vértices, verificamos qual o eixo real da hipérbole e a desenhamos, de forma a que seus ramos se "abram" em direção às assíntotas.

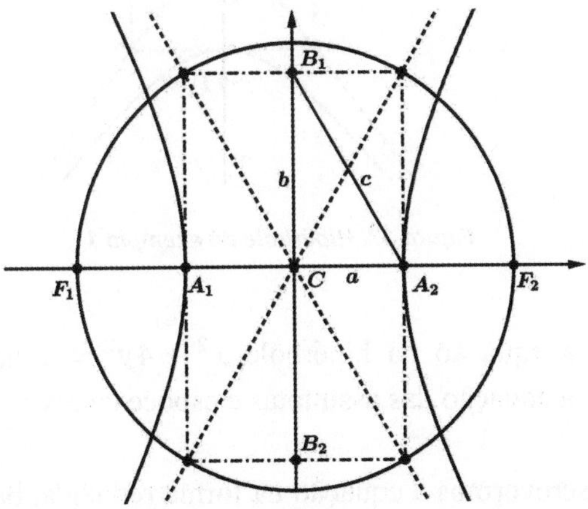

Figura 16: Construção da hipérbole: o retângulo de referência

Exemplos:

1) Determine uma equação para a hipérbole com focos nos pontos $(0, -10)$ e $(0,10)$ e tendo vértices $(0, -8)$ e $(0,8)$.

Já sabemos, pelas coordenadas dos vértices, que $a = 8$. Já pelas coordenadas do foco, $c = 10$. Portanto, como $c^2 = a^2 + b^2$, segue que $b^2 = 100 - 64 = 36$ e b $= 6$. Portanto, a equação reduzida da hipérbole será $\frac{y^2}{64} - \frac{x^2}{36} = 1$.

Esboçamos abaixo essa hipérbole, com auxílio do retângulo de referência.

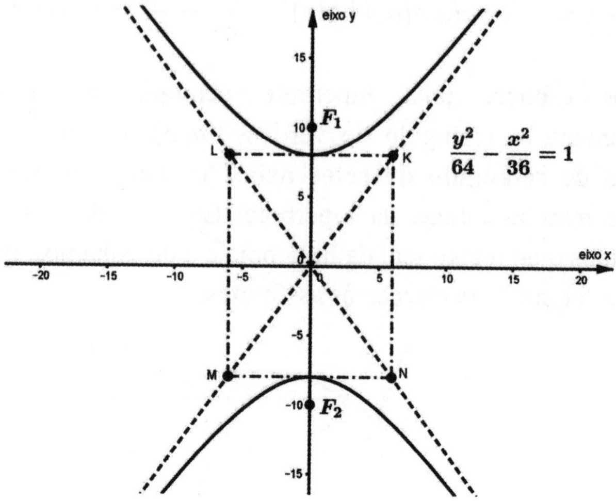

Figura 17: Hipérbole do exemplo 1

2) Escreva a equação da hipérbole $x^2 - 4y^2 = 1$ na forma reduzida, encontre a equação das assíntotas e esboce a curva.

Para reescrevermos a equação na forma reduzida, basta substituir $4y^2$ por $\frac{y^2}{\frac{1}{4}}$. Assim, a equação pode ser reescrita na forma:

$$x^2 - \frac{y^2}{\frac{1}{4}} = 1\,.$$

Essa hipérbole tem como assíntotas as retas dadas por:

$$x^2 - 4y^2 = 0 \Rightarrow x^2 = 4y^2 \Rightarrow y^2 = \frac{1}{4}x^2 \Rightarrow y = \pm\frac{1}{2}x\,.$$

A figura a seguir mostra o retângulo de referência, com vértices $A\left(1,\frac{1}{2}\right)$, $B\left(-1,\frac{1}{2}\right)$, $C\left(-1,-\frac{1}{2}\right)$ e $D\left(1,-\frac{1}{2}\right)$.

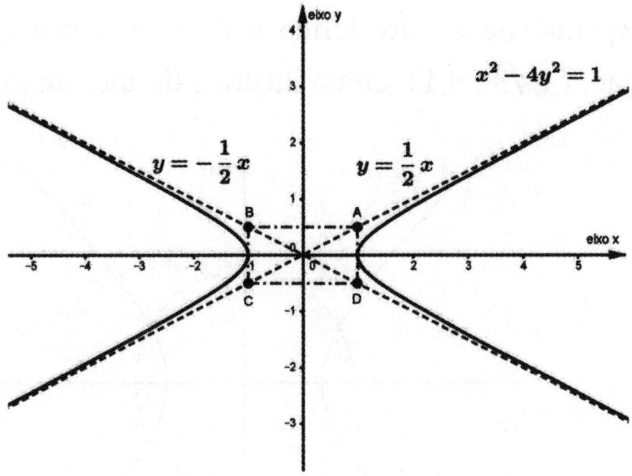

Figura 18: Hipérbole do exemplo 2

3) Determine os pontos de interseção entre as circunferências $x^2 + y^2 = 4$ e $x^2 - y^2 = 2$.

Lembre-se que um ponto $P(x, y)$ está na interseção das curvas se, e somente se, suas coordenadas satisfazem, simultaneamente, as duas equações. Por isso, os pontos de interseção podem ser obtidos resolvendo-se o sistema não linear seguinte:

$$\begin{cases} x^2 + y^2 = 4 \\ x^2 - y^2 = 2 \end{cases}.$$

Para resolvê-lo vamos usar o chamado "método da adição" que consiste em somar as equações, ou múltiplos delas, a fim de "zerar" uma das variáveis. No caso presente, basta somar as duas equações e os termos em y serão cancelados:

$$2x^2 = 6 \Rightarrow x^2 = 3 \Rightarrow x = \pm\sqrt{3}.$$

Para determinarmos os valores de y, vamos substituir os valores de x em uma das equações, por exemplo na 1ª equação:

$$3 + y^2 = 4 \Rightarrow y = \pm 1.$$

Como o sinal de x não define o de y, teremos quatros pontos de interseção, $(\pm\sqrt{3}, \pm 1)$, como ilustra a figura abaixo.

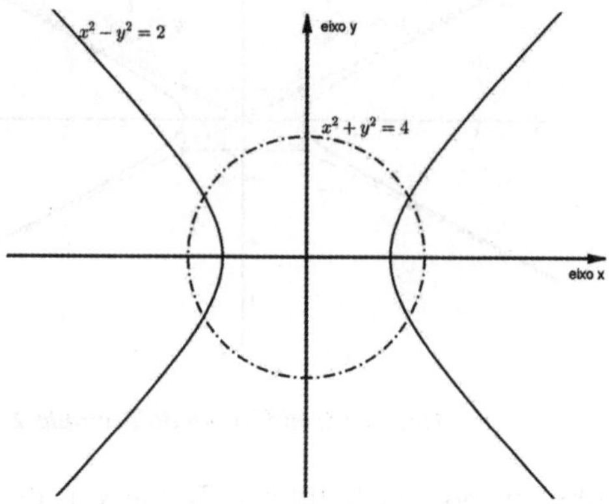

Figura 19: Interseção de hipérbole e círculo

Excentricidade: A excentricidade e de uma hipérbole é um número real positivo (e > 0) definido como:

$$e = \frac{c}{a}.$$

Lembrando que, no caso da hipérbole, obrigatoriamente $c > a > 0$, então teremos sempre $e > 1$. Além disso, quanto maior a excentricidade, mais as assíntotas da hipérbole se aproximam da vertical e, dessa forma, mais abertos são os ramos da hipérbole.

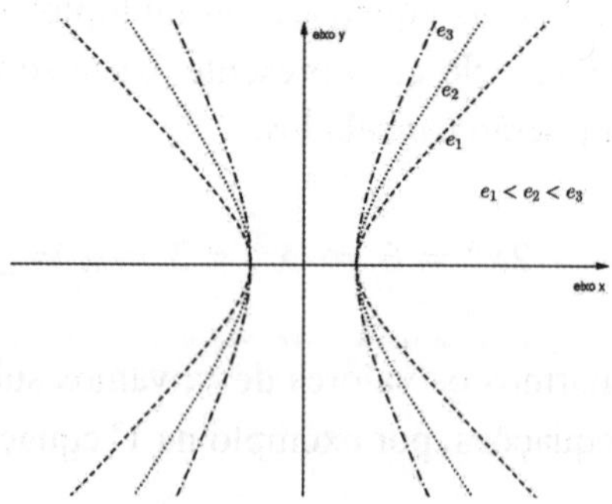

Figura 20: Relação entre a excentricidade e a "abertura" das hipérboles

No exemplo anterior, da hipérbole x^2 - $4y^2 = 1$, temos:

$$\frac{x^2}{1} - \frac{y^2}{\frac{1}{4}} = 1 \Rightarrow a = 1 \; e \; b = \frac{1}{2}.$$

Como $c^2 = a^2 + b^2 \Rightarrow c^2 = 1^2 + \left(\frac{1}{2}\right)^2 = \frac{5}{4}$. Portanto, a excentricidade dessa hipérbole é

$$e = \frac{c}{a} = \frac{5}{4}.$$

Propriedade Refletora da Hipérbole: Como as demais cônicas, as hipérboles têm propriedade de reflexão. Essa propriedade pode ser descrita da seguinte forma: a reta tangente à hipérbole, em cada ponto, é bissetriz do ângulo formado entre os segmentos que unem o ponto de tangência aos focos.

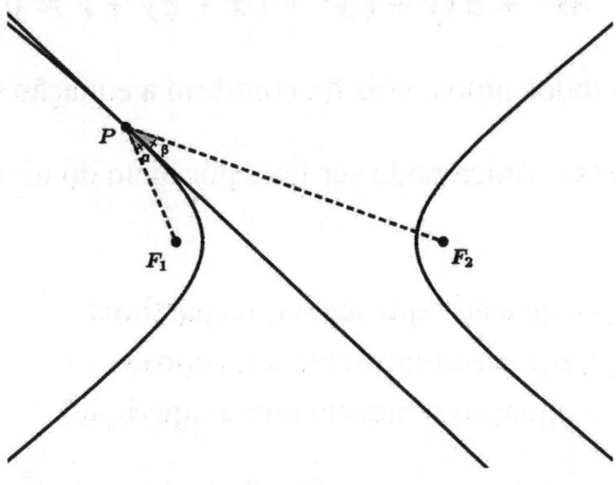

Figura 21: Propriedade refletora da hipérbole

Em outras palavras, todo raio que incide sobre um dos focos de um espelho hiperbólico toma a direção do outro foco.

LEITURA COMPLEMENTAR:

Como sabemos, dois pontos distintos determinam uma reta e três pontos não colineares (não alinhados) determinam uma circunferência, isto é, dados três pontos não colineares, existe uma única circunferência que passa por esses três pontos. É possível provar que dados cinco pontos não alinhados quaisquer do plano, existe uma única cônica que passa por ele, ou seja, cinco pontos não colineares definem uma cônica.

Por outro lado, também é possível demonstrar que toda equação quadrática (2º grau) em duas variáveis representa uma cônica. Uma equação quadrática em geral pode ser escrita na forma

$$Ax^2 + Bxy + Cy^2 + Dx + Ey + F = 0,$$

com A, B e C não todos nulos, pois do contrário a equação seria de 1º grau.

A classificação dessa cônica pode ser feita por meio do número $\Delta = B^2 - 4AC$:

- Se $\Delta = 0$, a equação representa uma parábola.
- Se $\Delta < 0$, a equação representa uma elipse.
- Se $\Delta > 0$, a equação representa uma hipérbole.

Por exemplo, a curva de equação $x^2 - 4y^2 - 6xy + x - 2y = 5$ representa uma hipérbole, pois nessa equação temos $A = 1, B = -6$ e $C = -4$ e, portanto,

$$\Delta = B^2 - 4AC = (-6)^2 - 4 \cdot 1 \cdot (-4) = 52 > 0 .$$

Usando-se esse critério, podemos ver também que o gráfico da função $f(x) = \frac{1}{x}$ é uma hipérbole. De fato, o gráfico tem equação $y = \frac{1}{x}$, ou, equivalentemente, $xy = 1$. Essa é uma equação quadrática e, portanto, representa uma cônica. Como $A = C = 0$ e $B = 1$, temos que $\Delta = 1$. Essa é uma hipérbole equilátera e rotacionada, pois seu eixo real não é paralelo aos eixos coordenados, mas sim a reta $y = x$, e tendo os eixos coordenados como assíntotas. Veja a figura:

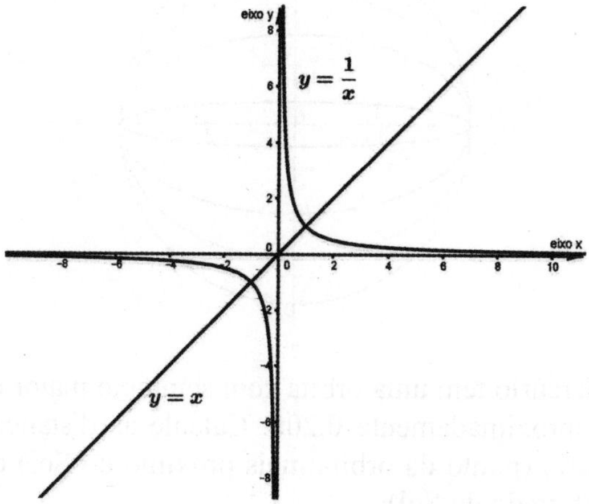

Figura 22: Gráfico $y = \frac{1}{x}$ é uma hipérbole rotacionada

EXERCÍCIOS PROPOSTOS:

1) É muito comum vermos jardins plantados em formas elípticas (ou, particularmente, circulares). Para fazer desenhos elípticos em terrenos planos, os jardineiros usualmente optam por amarrar as pontas de um barbante em gravetos que são afixados na terra, dispostos numa distância menor que o comprimento do barbante. Em seguida, com a ajuda de um terceiro graveto, esticam o barbante e giram o graveto, 360º. Esse 3º graveto desenha na terra uma elipse. Explique por que esse procedimento está correto.

2) Determine a excentricidade de cada uma das elipses da figura abaixo:

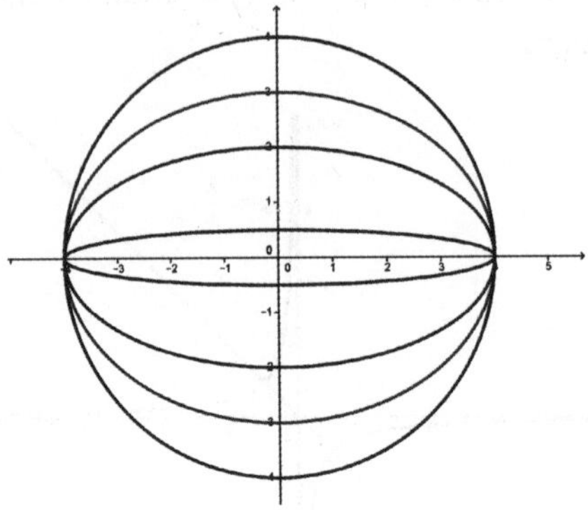

3) O planeta Mercúrio tem uma órbita com semieixo maior de $5{,}8 \times 10^7$ Km e excentricidade aproximadamente 0,206. Calcule as distâncias do periélio da órbita de Mercúrio (ponto da órbita mais próximo do Sol) e do afélio (ponto da órbita mais afastado do Sol).

4) (UNESP) Considere a elipse de equação $(x^2/25) + (y^2/9) = 1$.

a) Mostre que o ponto $P(3{,}12/5)$ pertence à elipse e calcule a distância de P ao eixo das abscissas.
b) Determine os vértices Q e R da elipse que pertencem ao eixo das abscissas.

5) (UERJ)

O MELHOR DE CALVIN — Bill Watterson

(O Estado de São Paulo, 16/08/97)

Considere os pontos A, B e C nas condições mencionadas na tirinha.

a) Se A, B e C pertencem a uma mesma reta, calcule a distância entre A e C quando:

. A está situado entre B e C;

. A está situado fora do segmento BC.

b) Se A, B e C estiverem no plano cartesiano, sendo A um ponto móvel, B um ponto do semieixo positivo das abscissas (x) e C a origem (0,0), determine a equação da linha descrita pelo ponto A e identifique a curva correspondente.

6) Para construir uma parábola dados o foco F e a diretriz d, podemos usar o seguinte processo: Trace por F uma reta r perpendicular à diretriz. Marque o ponto D de interseção entre r e a diretriz d. O ponto médio de DF será o vértice da parábola. Para cada ponto X da semirreta VF, trace a reta s paralela à diretriz passando por esse ponto. Em seguida, trace a circunferência de centro F e raio XD. Essa circunferência intercepta a reta s em dois pontos da parábola de foco em F e diretriz d. Faça uma figura ilustrativa e explique por que esses pontos pertencem realmente à essa parábola.

7) Um terreno tem a forma de um triângulo retângulo cuja soma dos catetos é igual a 14 metros. Determine as dimensões do terreno de área máxima.

8) Encontre a equação da parábola de eixo de simetria paralelo ao eixo dos y e que passa pelos pontos $A(-2,10)$, $B(1,1)$ e $C(3,5)$.

9) A figura a seguir reproduz um túnel de duas pistas paralelas, que tem como seção transversal uma parábola.

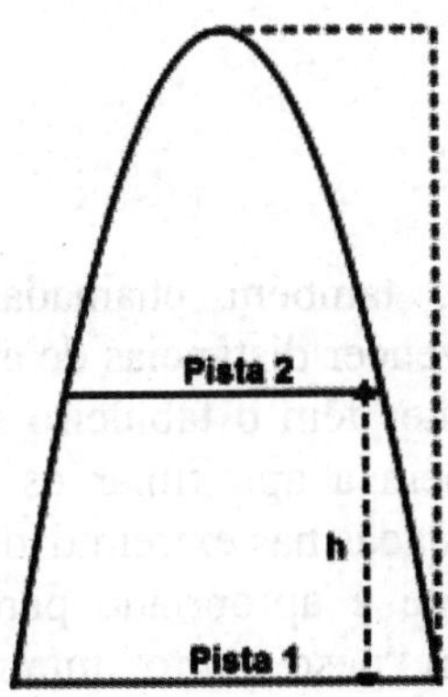

A altura do túnel é de 9 m e a largura da base é de 60 m. Determine a altura h, a partir da pista 1, na qual deve ser construída a pista superior (pista 2), de modo que ela tenha 40 m de largura.

10) Num campo de tiro ao alvo, em que o atirador fica num ponto fixo *H* e o alvo num outro ponto fixo *A*, existem pontos especiais em que o observador situado num desses pontos ouve o estampido do tiro no mesmo instante em que ouve a bala atingir o alvo. Supondo constantes as velocidades da bala e do som, verifique que esses pontos especiais formam uma cônica. De que tipo é essa cônica?

11) Esboce cada uma das cônicas, determinando, em cada caso, se é parábola, elipse ou hipérbole:

a) $\frac{x^2}{25} + \frac{y^2}{9} = 4$

b) $\frac{x^2}{25} - \frac{y^2}{16} = -1$

c) $y^2 + 9x^2 = 81$

d) $-x^2 - 2y = 0$

e) $4x^2 + \frac{y^2}{16} = 1$

f) $y^2 - 9x = 0$

g) $9x^2 + 16y^2 = 144$

h) $x^2 + y^2 = 3$

12) As pontes suspensas, também chamadas de pontes pênseis, são importantes porque podem vencer distâncias de até 2,1km, maiores que as em arco ou em viga. Essas pontes têm o tabuleiro sustentado por cabos de aço cujas forças de tração tendem a aproximar os suportes das fundações. Os cabos são fixos em torres situadas nas extremidades da ponte e têm formato de parábola. Esse tipo de ponte é apropriado para grandes vãos livres, pois permite máxima leveza e um "peso morto" mínimo. O Brasil conta com a 5ª

maior ponte pênsil do mundo, a ponte Hercílio Luz, localizada em Florianópolis.

Figura 23: Ponte Hercílio Luz - Florianópolis - SC (extraída do Google Imagens)

As torres que sustentam os cabos de uma ponte pênsil sobre um rio, localizadas no início e no fim da ponte, estão a 120m de distância uma da outra e têm 30m de altura. Os cabos tocam a superfície da ponte exatamente no seu centro. A que altura acima da ponte está o cabo a 15m do centro da ponte?

13) Uma passarela sobre uma rodovia de pista dupla com 40m de largura tem o formato de uma semielipse tendo altura máxima de 4m. Essa passarela é sustentada por duas pilastras que se localizam a 10m do centro. Faça uma figura ilustrativa e calcule a altura dessas pilastras.

14) Considere a família de curvas $y = kx^2$. Explique detalhadamente o comportamento dessas curvas a medida que o valor do parâmetro k vai aumentando.

15) Faça o mesmo que o exercício anterior para a família de curvas $y = x^2 + k$.

16) Esboce a curva de equação $4x^2 + y^2 = 80$. Determine a interseção dessa curva com a reta que passa pelos pontos $(0,0)$ e $(1,-1)$.

17) Uma empresa produz refletores parabólicos, como o que é esboçado na figura a seguir:

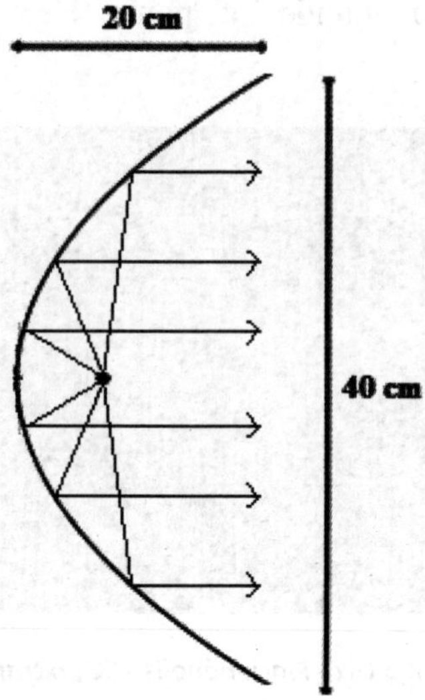

A que distância do vértice deve ser instalada a fonte de luz para que ela produza um feixe de raios paralelos ao eixo de simetria?

18) Determine, em cada caso, uma equação que descreve a curva:

a)

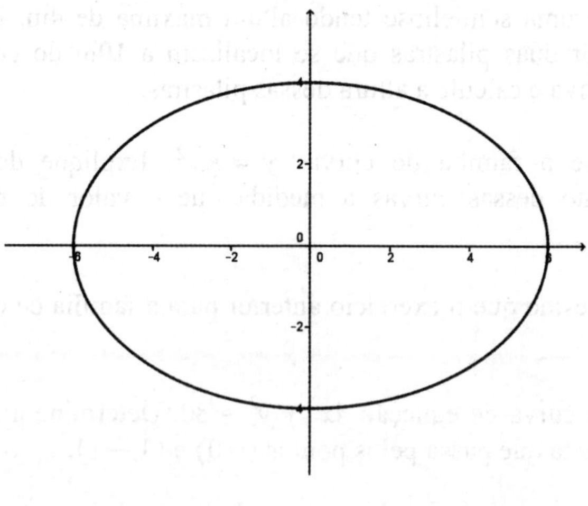

b)

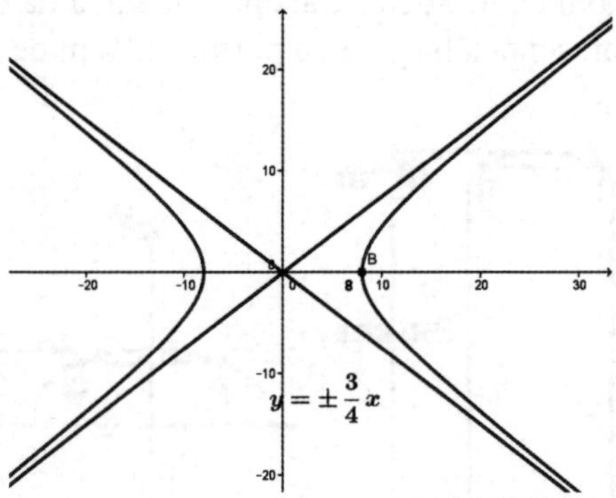

c)

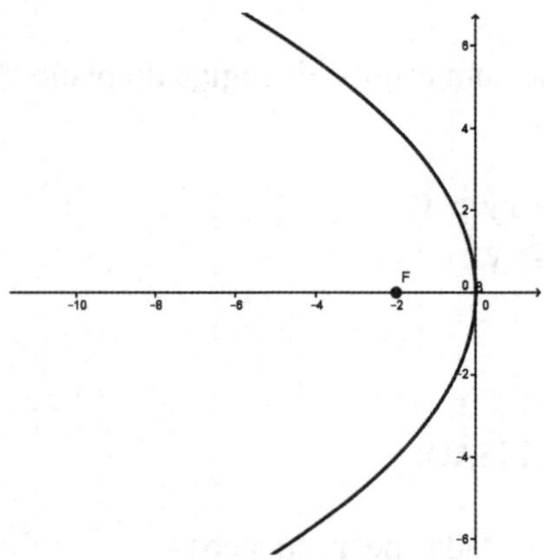

19) No caso das hipérboles centradas na origem e com eixo real sendo um dos eixos coordenados, mostre que, de fato, as assíntotas não interceptam a hipérbole.

20) Mostre que as hipérboles de equações $\frac{x^2}{9} - \frac{y^2}{25} = 1$ e $\frac{y^2}{9} - \frac{x^2}{25} = 1$ têm assíntotas perpendiculares, e determine as interseções das hipérboles e esboce-as num mesmo sistema de coordenadas.

21) Uma hipérbole $\frac{x^2}{a^2} - \frac{y^2}{b^2} = 1$ é chamada de equilátera quando $a = b$. Qual a excentricidade de uma hipérbole equilátera?

22) (UERJ) Uma porta colonial é formada por um retângulo de 100cm×200cm e uma semielipse. Observe as figuras. Na semielipse, o eixo maior mede 100cm e o semieixo menor, 30cm. Calcule a medida da corda PQ, paralela ao eixo maior, que representa a largura da porta a 224cm de altura.

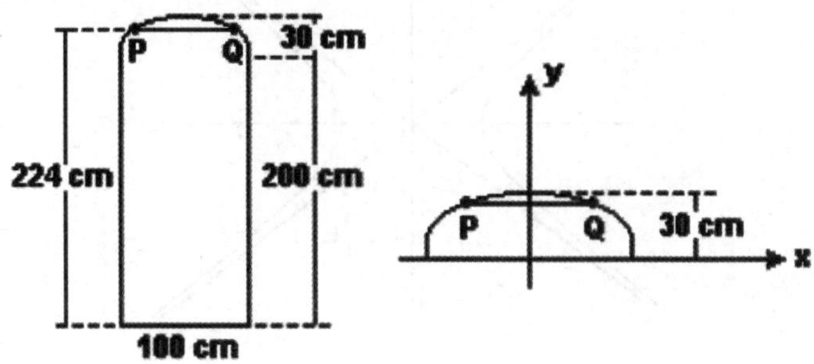

23) Em cada caso, faça um esboço da região do plano dada pelas condições:

a) $y \geq x^2$
b) $x^2 + 4y^2 < 36$ e $xy > 0$
c) $x \leq 4 - y^2$ e $x \geq y^2$
d) $\frac{x^2}{4} - \frac{y^2}{16} > 1$

EXERCÍCIOS DE REVISÃO:

1) Considere as curvas dadas pelas equações:

C: $(x - 1)^2 + (y - 2)^2 = 9$
D: $9x^2 + y^2 = 4$.

É INCORRETO afirmar que:

a) C é uma circunferência e D uma elipse.
b) C é uma circunferência não centrada na origem.
c) a curva D está contida na região limitada pela curva C.
d) C é uma elipse.

2) A equação $y^2 - 9x^2 = -4$ representa:

a) uma elipse horizontal.
b) um par de hipérboles ao longo do eixo dos y.
c) um par de hipérboles ao longo do eixo dos x.
d) um par de retas.

3) A respeito da família de curvas $y = kx^2 + b$, $k \neq 0$, é CORRETO afirmar que:

a) são parábolas que passam pela origem e, quanto maior k, mais fechada é a parábola
b) são parábolas verticais com mesmo vértice e concavidade voltada para cima.
c) são parábolas horizontais.
d) são parábolas verticais e quanto maior $|k|$, mais fechada é a parábola.

4) As curvas $S: y - x^2 = 1$ e $T: x - 2y^2 = 0$

a) são parábolas com mesmo vértice.
b) são parábolas idênticas.
c) são parábolas com vértices diferentes e mesma posição da concavidade.
d) são parábolas com eixos de simetria diferentes e aberturas diferentes.

5) Seja C a circunferência dada por $x^2 + 4x + y^2 = 5$. O ponto $P(-1,1)$ é:

a) o centro de C.
b) externo a C.
c) pertencente a C
d) interno a C.

6) (ENADE) Em um jogo de futebol, um jogador baterá uma falta diretamente para o gol. A falta é batida do ponto P, localizado a 12 metros da barreira. Suponha que a trajetória da bola seja uma parábola, com ponto de máximo em Q, exatamente acima da barreira, a 3 metros do chão, como ilustra a figura abaixo.

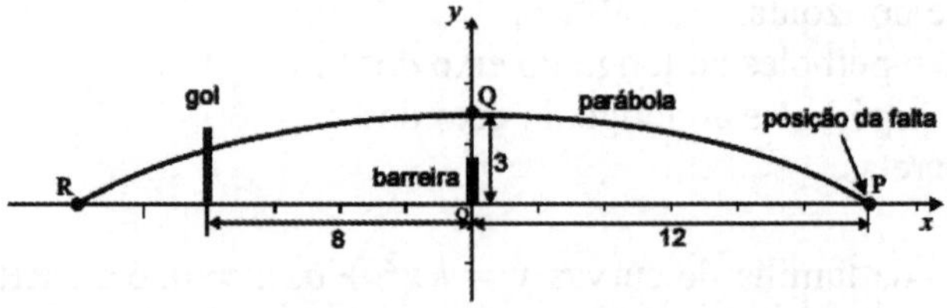

Sabendo-se que o gol está a 8 metros da barreira, a que altura está a bola ao atingir o gol?

a) $\frac{3}{2}$ m

b) $\frac{4}{3}$ m

c) 1 m

d) 2 m

e) $\frac{5}{3}$ m

7) (ENADE) No plano cartesiano xOy, as equações $x^2 + y^2 + y = 0$ e $x^2 - y - 1 = 0$ representam uma circunferência Γ e uma parábola P, respectivamente. Nesse caso,

a) a reta de equação $y = -1$ é tangente às curvas Γ e P.
b) as curvas Γ e P têm mais de um ponto em comum.
c) existe uma reta que passa pelo centro de Γ e que não intercepta a parábola P.
d) o raio da circunferência Γ é igual a 1.
e) a parábola P tem concavidade voltada para baixo.

8) (PUC-MG) A parábola de equação $y = x^2$ corta a circunferência de centro (0,0) e raio $\sqrt{2}$ nos pontos A e B. O ponto médio do segmento AB é:

a) (2,0)
b) (1,1)
c) (0,1)
d) (0,2)

CAPÍTULO 3 – VETORES: TRATAMENTO GEOMÉTRICO

Objetivos Principais: Ao final deste tópico, você deverá ser capaz de reconhecer grandezas vetoriais; identificar direção, sentido e módulo de um vetor; realizar operações básicas com vetores; identificar um vetor como combinação linear de outros vetores; resolver situações-problema que sejam modeladas por vetores.

DEFINIÇÃO – Algumas grandezas como área, volume e massa são grandezas escalares, isto é, ficam definidas apenas pelo seu valor (e unidade de medida). Uma área de $10m^2$, as aulas de 45 min, uma massa de 5kg e a temperatura de 25°C são grandezas que estão totalmente definidas. Outras grandezas só ficam definidas quando são conhecidos a "intensidade", ou módulo, a direção e o sentido. É o caso, por exemplo, das grandezas físicas força, velocidade e aceleração. Essas são grandezas vetoriais.

Informalmente, podemos pensar num vetor (do latim *vehere*, que significa transportar) como uma "seta", definida a partir de três elementos: a direção, o sentido e o comprimento. Se dois vetores, ou seja, duas "setas" têm mesma direção, mesmo sentido e mesmo comprimento, pode-se considerar esses vetores como iguais.

Uma das formas mais intuitivas de se pensar num vetor é como um deslocamento. O deslocamento representa a variação de posição de um objeto, independentemente da trajetória entre as posições inicial e final consideradas. Por exemplo, o deslocamento do ponto $A(1,2)$ para o ponto $B(3,6)$ é o vetor indicado na figura seguinte:

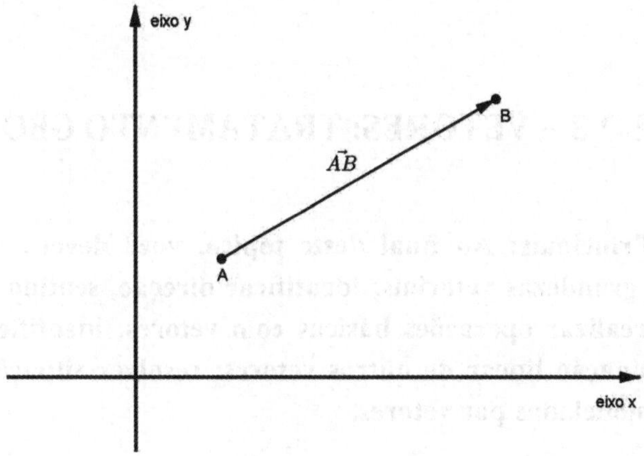

Figura 1: Vetor deslocamento

Não devemos confundir deslocamento com distância. Por exemplo, o deslocamento do ponto A ao ponto B e, em seguida do ponto B de volta para o ponto A é nulo, mas a distância percorrida não. A distância percorrida sempre depende da trajetória realizada, já o deslocamento depende exclusivamente das posições inicial e final.

Historicamente, a ideia básica que hoje chamamos de vetores foi introduzida por Aristóteles (384 – 322 a.C) que, em síntese, usava a noção de vetor para representar uma força por meio da distância e da direção em que ela deslocava o objeto sobre o qual era exercida. Newton (1642-1727), em seu clássico tratado sobre forças (*Principia*, de 1687), introduziu o conceito de vetor que conhecemos hoje, atrelado a direção, sentido e módulo. A partir daí, diversos outros cientistas usaram segmentos orientados representando forças.

Observação: O comprimento do vetor é chamado de módulo e indicado assim: $|\vec{v}| = módulo\ de\ \vec{v}.$

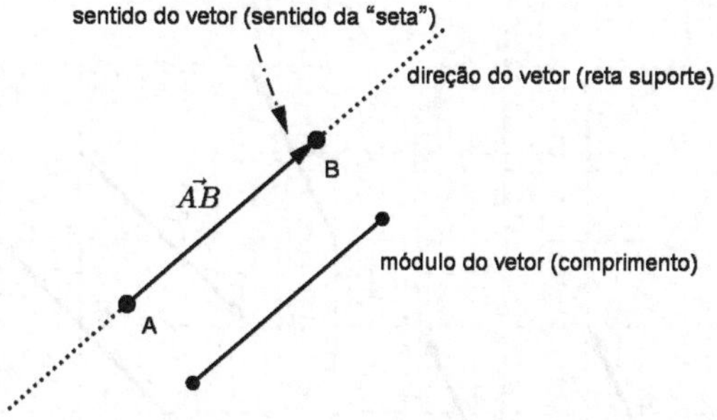

Figura 2: Componentes do vetor: módulo, direção e sentido

Notações:

- $\overrightarrow{AB} = \vec{v} = B - A$: vetor "*AB*" ou vetor *v* (obtido pela diferença das coordenadas de *B*, a extremidade, e *A*, a origem).
- $|\vec{v}|$ ou $\|\vec{v}\|$: módulo, ou norma, do vetor.

Observações:

- Cabe reforçar que um vetor é um ente livre, ou seja, qualquer vetor $\vec{v}' = \overrightarrow{CD}$, de mesmo módulo, direção e sentido de $\vec{v} = \overrightarrow{AB}$ (vetores paralelos), é idêntico a $\vec{v}$, ou seja, $\vec{v} = \vec{v}'$, mesmo que eles ocupem posições diferentes no plano. Isso significa que um vetor representa uma família inteira de setas.

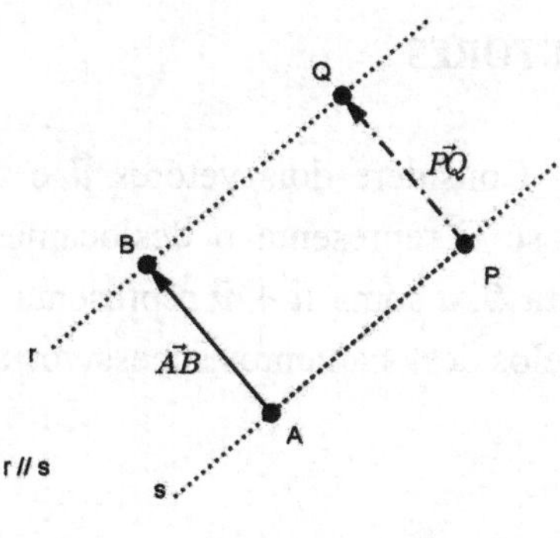

Figura 3: Vetores iguais em posições distintas

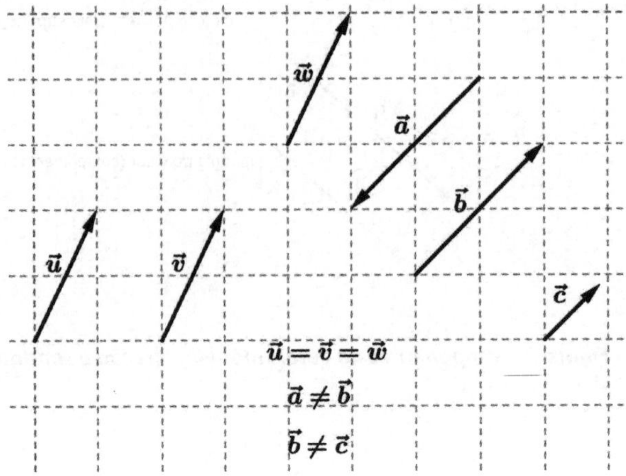

Figura 4: Igualdade entre vetores

- O vetor nulo, indicado por $\vec{0}$, é o vetor que tem a origem coincidente com sua extremidade.
- A cada vetor $\vec{v}$ existe o vetor oposto ou simétrico, de mesmo módulo, mesma direção e sentido oposto, de modo que, se $\vec{v} = \overrightarrow{AB} = B - A$, então $-\vec{v} = \overrightarrow{BA} = A - B$. Na figura anterior, $\vec{b} = -\vec{a}$.
- Um vetor $\vec{v}$ é dito unitário quando seu módulo (norma) é igual a 1, ou seja, $|\vec{v}| = 1$.

OPERAÇÕES COM VETORES

ADIÇÃO ou SOMA – Considere dois vetores $\vec{u}$ e $\vec{v}$. Pensando nos vetores como deslocamentos, se $\vec{u}$ representa o deslocamento de A para B e $\vec{v}$ o deslocamento de B para C, a soma $\vec{u} + \vec{v}$ representa o deslocamento total, de A para C, produzido pelos deslocamentos sucessivos $\vec{u}$ e $\vec{v}$.

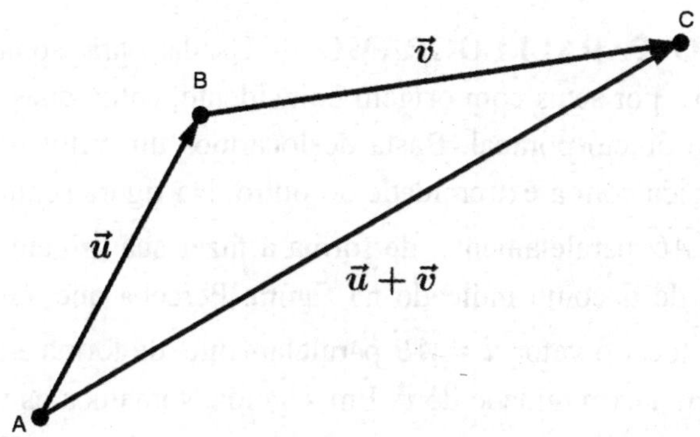

Figura 5: Soma de vetores - deslocamento total

Assim, podemos somar os vetores de duas formas:

REGRA DA POLIGONAL – aplicada na soma de dois ou mais vetores, em situações nas quais a extremidade um vetor coincide com a origem do seguinte, como numa série de deslocamentos vetoriais:

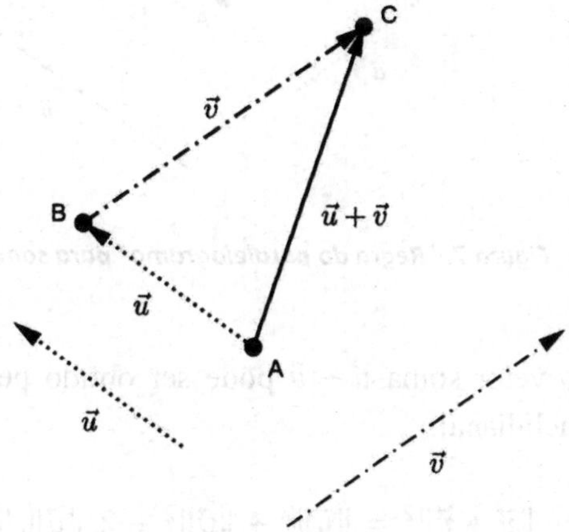

Figura 6: "Regra da poligonal" para soma de vetores

REGRA DO PARALELOGRAMO – Usada para somar dois vetores representados por setas com origem coincidente, como duas forças aplicadas a um mesmo objeto pontual. Basta deslocarmos um vetor de forma que sua origem coincida com a extremidade do outro. Na figura seguinte, deslocamos o vetor $\vec{v} = \overrightarrow{AD}$ paralelamente, de forma a fazer sua origem coincidir com a extremidade de $\vec{u}$ como indicado na figura. Perceba que, de forma análoga, podemos deslocar o vetor $\vec{u} = \overrightarrow{AB}$ paralelamente, de forma a fazer sua origem coincidir com a extremidade de $\vec{v}$. Em seguida, somamos os vetores de forma equivalente à regra da poligonal. Vê-se que a soma coincide com o vetor $\overrightarrow{AC}$, que representa uma das diagonais do paralelogramo.

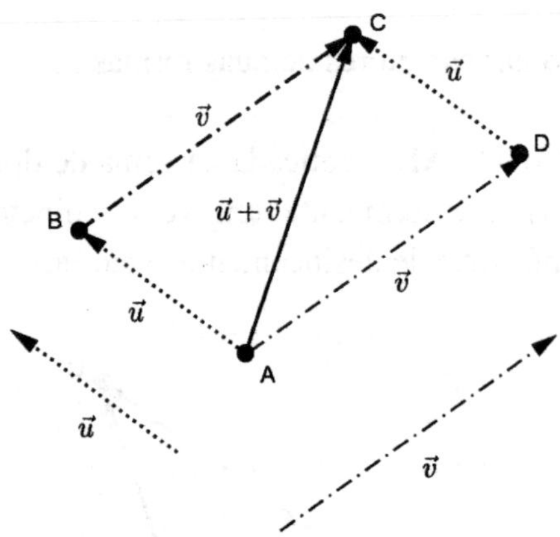

Figura 7: "Regra do paralelogramo" para soma de vetores

O módulo do vetor soma $\vec{u} + \vec{v}$ pode ser obtido pela Lei dos Cossenos, da Geometria Euclidiana:

$$\|\vec{u} + \vec{v}\|^2 = \|\vec{u}\|^2 + \|\vec{v}\|^2 - 2.\|\vec{u}\|.\|\vec{v}\| \cos\alpha,$$

sendo α o suplemento do ângulo entre os vetores, como representado abaixo:

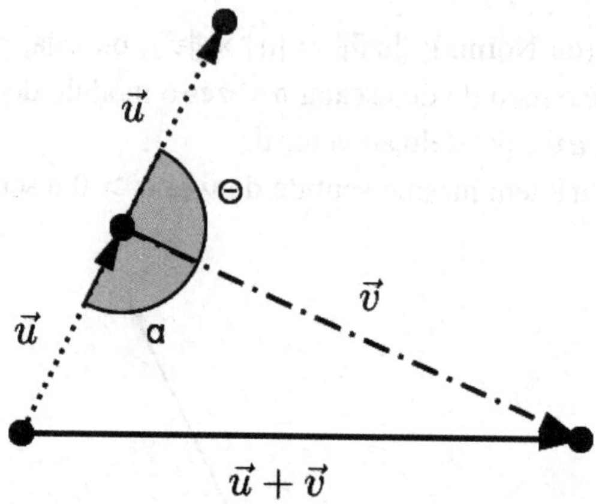

Figura 8: Módulo da soma de vetores

Caso seja considerado o ângulo entre os vetores, basta tomar

$$\|\vec{u}+\vec{v}\|^2 = \|\vec{u}\|^2 + \|\vec{v}\|^2 + 2.\|\vec{u}\|.\|\vec{v}\|\cos\theta,$$

visto que sendo $\theta + \alpha = 180° \Rightarrow \cos\theta = -\cos\alpha$.

PROPRIEDADES – Sendo $\vec{u}, \vec{v}, \vec{w}$ vetores quaisquer, são válidas as seguintes propriedades:

- A soma é comutativa: $\vec{u}+\vec{v} = \vec{v}+\vec{u}$
- A soma é associativa: $\vec{u}+(\vec{v}+\vec{w}) = (\vec{u}+\vec{v})+\vec{w}$
- O vetor nulo é elemento neutro da soma: $\vec{v}+\vec{0} = \vec{v}$
- $\vec{v}+(-\vec{v}) = \vec{0}$

Todas essas propriedades podem ser intuídas a partir da ideia de deslocamento. Por exemplo, $\vec{v}+(-\vec{v}) = \vec{0}$, pois, se nos deslocamos consecutivamente de *A* para *B* e de *B* para *A*, o deslocamento total foi nulo.

PRODUTO POR ESCALAR – dado um escalar α, com $\alpha \in \mathbb{R}$ e um vetor $\vec{v}$ não nulo, o produto $\alpha\vec{v}$ gera um novo vetor, de modo que:

- Módulo (ou Norma): $\|\alpha\vec{v}\| = |\alpha| \times \|\vec{v}\|$, ou seja, o módulo do vetor produto é o módulo do escalar α vezes o módulo do vetor $\vec{v}$.
- Direção: $\alpha\vec{v}$ é paralelo ao vetor $\vec{v}$.
- Sentido: $\alpha\vec{v}$ tem mesmo sentido de $\vec{v}$ se $\alpha > 0$ e sentido oposto a $\vec{v}$ se $\alpha < 0$.

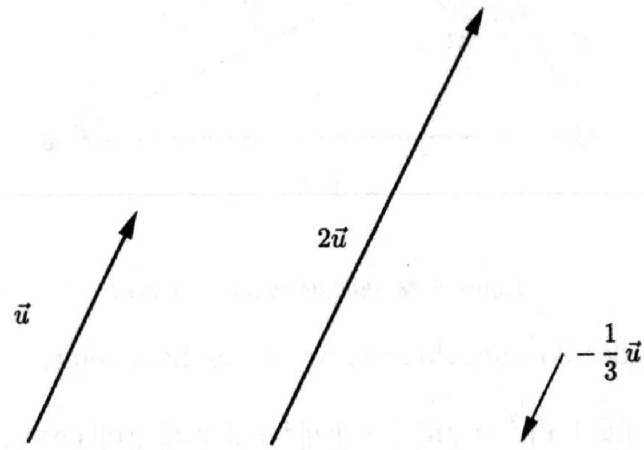

Figura 9: Produto de vetor por escalar

Observação: Vemos, pelos argumentos acima, que o vetor $\alpha\vec{v}$ é paralelo a $\vec{v}$, ou seja, os vetores têm a mesma direção. Reciprocamente, dois vetores são paralelos se um deles é múltiplo escalar do outro. Assim:

$$\vec{u} \,//\, \vec{v} \Leftrightarrow \vec{u} = \alpha\vec{v} \text{ ou se } \vec{v} = \alpha\vec{u}.$$

PROPRIEDADES – Dados $\alpha, \beta \in \mathbb{R}$, e $\vec{u}$ e $\vec{v}$ vetores, são válidas as seguintes propriedades:

- $(\alpha\beta)\vec{v} = \alpha(\beta\vec{v}) = \beta(\alpha\vec{v})$
- $\alpha(\vec{u} + \vec{v}) = \alpha\vec{u} + \alpha\vec{v}$
- $(\alpha + \beta)\vec{v} = \alpha\vec{v} + \beta\vec{v}$
- $1\vec{v} = \vec{v}$

DIFERENÇA ou SUBTRAÇÃO – A diferença $\vec{u} - \vec{v}$ entre dois vetores $\vec{u}$ e $\vec{v}$ é definida como a soma de $\vec{u}$ com o vetor oposto de $\vec{v}$, ou seja, $\vec{u} - \vec{v} = \vec{u} + (-\vec{v})$.

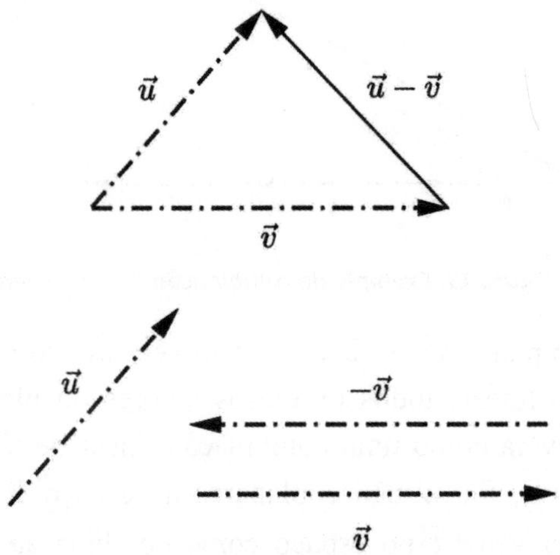

Figura 10: Diferença de vetores

COMBINAÇÃO LINEAR DE VETORES - Uma combinação linear de uma quantidade qualquer de vetores é uma soma de múltiplos desses vetores. Assim, uma combinação linear dos vetores $\overrightarrow{v_1}, \overrightarrow{v_2}, \ldots, \overrightarrow{v_n}$ é qualquer novo vetor obtido como $a_1\overrightarrow{v_1} + a_2\overrightarrow{v_2} + \cdots + a_n\overrightarrow{v_n}$ com $a_1, a_2..., a_n$ números reais.

Por exemplo, $2\vec{u} + \vec{v}$, $\vec{u} - \vec{v}$ e $5\vec{u} - \frac{2}{3}\vec{v}$ são exemplos de combinações lineares de $\vec{u}$ e $\vec{v}$. Na figura abaixo, $\vec{w}$ é uma combinação linear de $\vec{u}$ e $\vec{v}$:

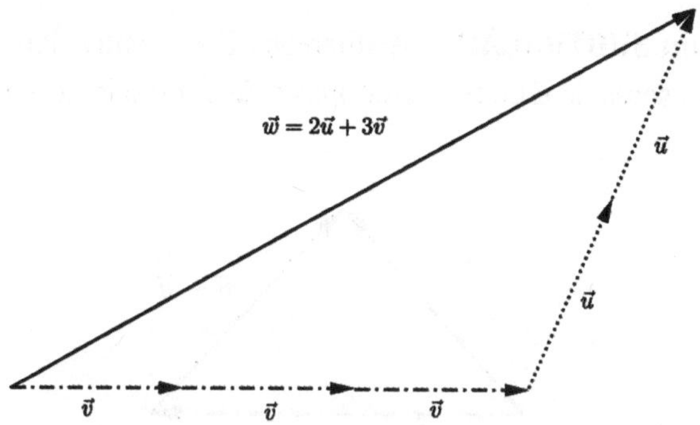

Figura 11: Exemplo de combinação linear de vetores

Observação: No plano $\mathbb{R}^2$, se $\vec{u}$ e $\vec{v}$ forem vetores não paralelos eles gerarão (por combinação linear) todos os outros vetores do plano, isto é, qualquer vetor $\vec{w}$ se escreverá como uma combinação linear de $\vec{u}$ e $\vec{v}$. O mesmo vale para três vetores $\vec{u}$, $\vec{v}$ e $\vec{w}$ não coplanares no espaço $\mathbb{R}^3$, ou seja, podemos escrever qualquer vetor $\vec{t}$ no espaço como combinação linear de $\vec{u}$, $\vec{v}$ e $\vec{w}$. Usaremos a combinação linear para construir as **bases canônicas** do plano e do espaço cartesiano nos próximos capítulos.

EXERCÍCIOS PROPOSTOS:

1) Se A, B, C, D são vértices consecutivos de um quadrado, ilustre vetores resultantes de:

a) $\overrightarrow{AB} + \overrightarrow{BC}$
b) $\overrightarrow{AB} - \overrightarrow{BC}$
c) $\overrightarrow{AB} + \overrightarrow{BC} + \overrightarrow{CD}$
d) $\overrightarrow{AC} - \overrightarrow{DC}$

2) Em cada item, represente, por meio de uma seta, o vetor indicado:

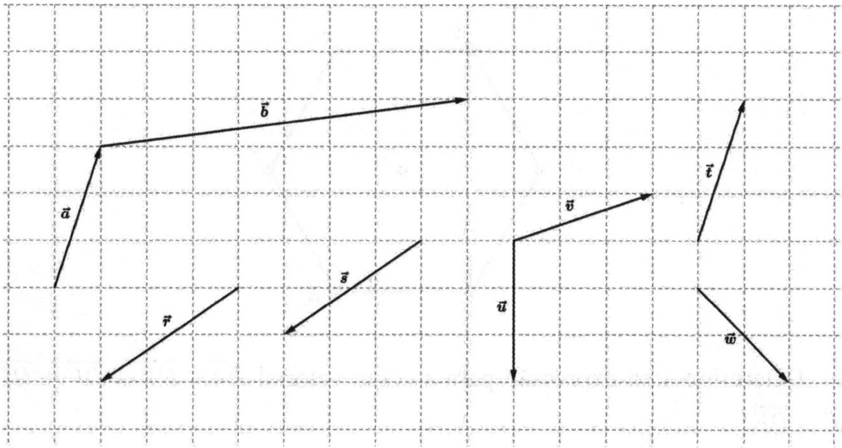

a) $2\vec{a} + \vec{b}$
b) $\vec{u} + \vec{v}$
c) $\vec{v} - \vec{u}$
d) $\vec{t} - \vec{w}$
e) $\vec{r} + \vec{s}$

3) Sendo M o ponto médio do segmento AB e sendo P um ponto fora da reta AB, determine os valores de k e l tais que $\overrightarrow{PM} = k \cdot \overrightarrow{AB} + l \cdot \overrightarrow{PB}$.

4) Mostre que, se A, B e C são vértices de um triângulo e G é o baricentro (ponto de encontro das medianas) do triângulo, então $\overrightarrow{AG} + \overrightarrow{BG} + \overrightarrow{CG} = \overrightarrow{0}$. Lembre-se que o baricentro de um triângulo divide a mediana numa razão 2:1.

5) Considere A, B, C, D, E e F vértices consecutivos de um hexágono regular, com centro no ponto O, como ilustra a figura:

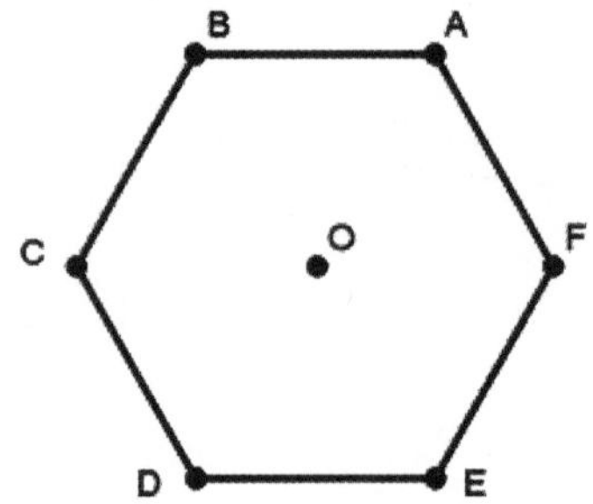

a) Determine uma expressão para a soma vetorial $\overrightarrow{OA} + \overrightarrow{OB} + \overrightarrow{OC} + \overrightarrow{OD} + \overrightarrow{OE} + \overrightarrow{OF}$.

b) Sabendo que $\overrightarrow{AB} + \overrightarrow{AC} + \overrightarrow{AD} + \overrightarrow{AE} + \overrightarrow{AF} = m \cdot \overrightarrow{AD}$, qual o valor de m?

6) Use os vetores para mostrar que o segmento que une os pontos médios de dois lados de um triângulo é paralelo ao terceiro lado.

7) (UNICAMP) Os pombos-correio foram usados como mensageiros pelo homem no passado remoto e até mesmo mais recentemente, durante a Segunda Guerra Mundial. Experimentos mostraram que seu mecanismo de orientação envolve vários fatores, entre eles a orientação pelo campo magnético da Terra.

a) Num experimento, um imã fixo na cabeça de um pombo foi usado para criar um campo magnético adicional ao da Terra. A figura abaixo mostra a direção dos vetores dos campos magnéticos do imã $\vec{B}_I$ e da Terra $\vec{B}_T$. O diagrama quadriculado representa o espaço em duas dimensões em que se dá o deslocamento do pombo. Partindo do ponto O, o pombo voa em linha reta na direção e no sentido do campo magnético total e atinge um dos pontos da figura marcados por círculos cheios. Desenhe o vetor deslocamento total do pombo na figura e calcule o seu módulo.

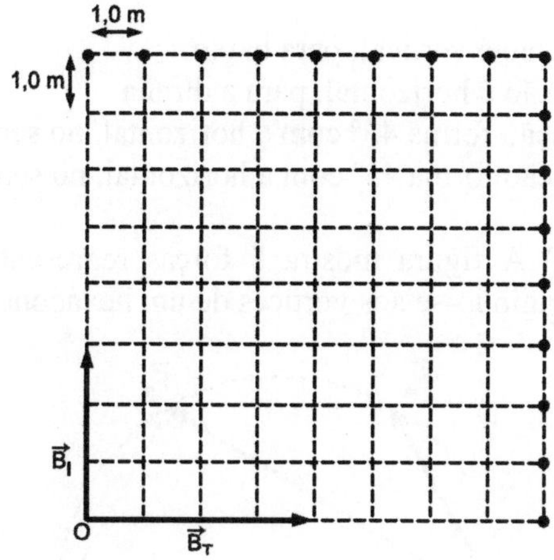

b) Quando em voo, o pombo sofre ação da força de resistência do ar. O módulo da força de resistência do ar depende da velocidade v do pombo segundo a expressão $F_{res} = bv^2$, em que $b = 5{,}0\,x\,10^{-3}\,kg/m$. Sabendo que o pombo voa horizontalmente com velocidade constante quando o módulo da componente horizontal da força exercida por suas asas é $F_{asas} = 0{,}72N$, calcule a velocidade do pombo. (Use a 1ª Lei de Newton).

EXERCÍCIOS DE REVISÃO:

1) (UNIFESP) Na figura, são dados os vetores $\vec{a}$, $\vec{b}$ e $\vec{c}$.

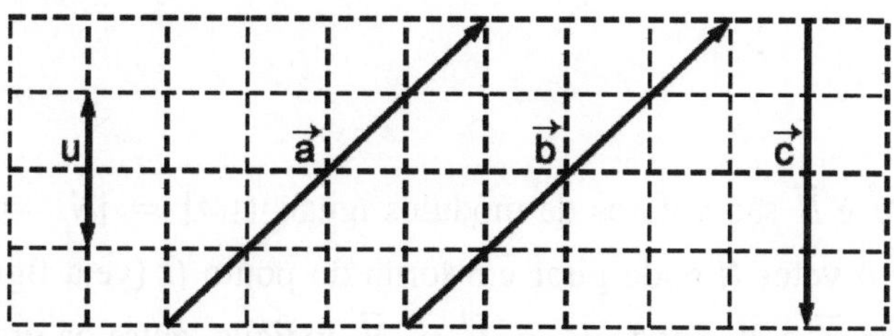

Sendo *u a* unidade de medida do módulo desses vetores, pode-se afirmar que o vetor $\vec{d} = \vec{a} - \vec{b} + \vec{c}$ tem módulo:

a) $2u$, e sua orientação é vertical, para cima.

b) $2u$, e sua orientação é vertical, para baixo.
c) $4u$, e sua orientação é horizontal, para a direita.
d) $2u$, e sua orientação forma 45° com a horizontal, no sentido horário.
e) $2u$, e sua orientação forma 45° com a horizontal, no sentido anti-horário.

2) (MACKENZIE) A figura mostra 5 forças representadas por vetores de origem comum, dirigindo-se aos vértices de um hexágono regular.

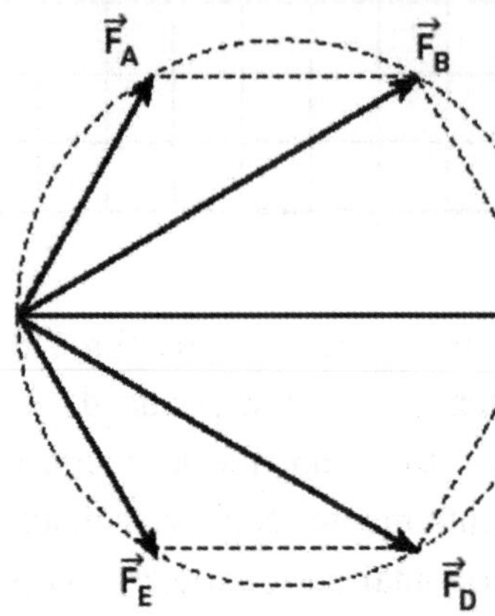

Sendo 10 N o módulo da força F_c, a intensidade da resultante dessas 5 forças é:

a) 50 N
b) 45 N
c) 40 N
d) 35 N
e) 30 N

3) (UFC) $\vec{M}$ e $\vec{N}$ são vetores de módulos iguais ($|M| = |N| = M$). O vetor $\vec{M}$ é fixo e o vetor $\vec{N}$ pode girar em torno do ponto O (veja figura) no plano formado por $\vec{M}$ e $\vec{N}$. Sendo $\vec{R} = \vec{M} + \vec{N}$, indique, entre os gráficos abaixo, aquele que pode representar a variação de $|R|$ como função do ângulo θ entre $\vec{M}$ e $\vec{N}$.

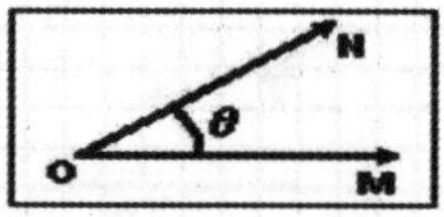

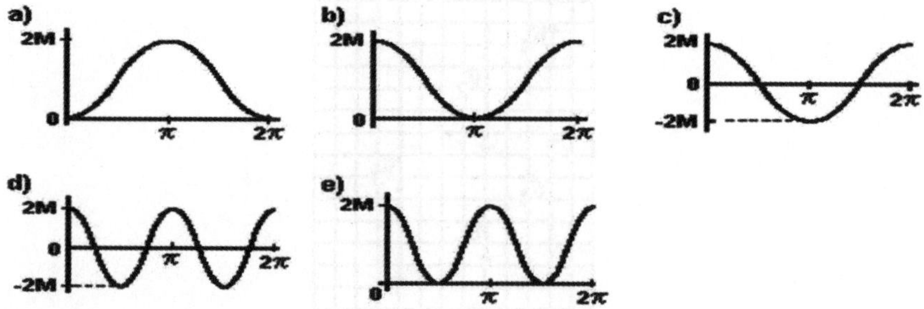

4) (PUC - RJ) Um veleiro deixa o porto navegando 70km em direção leste. Em seguida, para atingir seu destino, navega mais 100km na direção nordeste. Desprezando a curvatura da terra e admitindo que todos os deslocamentos são coplanares, determine o deslocamento total do veleiro em relação ao porto de origem. (Considere $\sqrt{2} = 1{,}40$ e $\sqrt{5} = 2{,}20$).

a) 106km
b) 34km
c) 154km
d) 284km
e) 217km

5) (PUC-CAMP) A velocidade de um paraquedas está representada na figura pelo vetor $\vec{v}$ e sua componente horizontal pelo vetor $\vec{v}_h$.

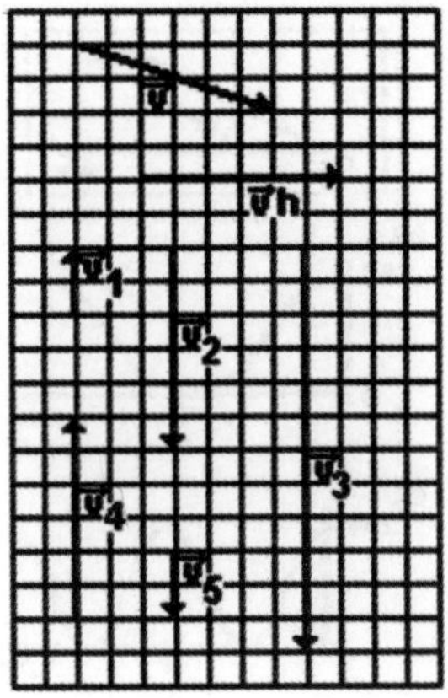

Dos demais vetores existentes na figura, aquele que representa a componente vertical da velocidade do paraquedas é o:

a) $\vec{v}_1$
b) $\vec{v}_2$
c) $\vec{v}_3$
d) $\vec{v}_4$
e) $\vec{v}_5$

6) (MACKENZIE) Um corpo, que está sob a ação de 3 forças coplanares de mesmo módulo, está em equilíbrio. Assinale a alternativa na qual esta situação é possível.

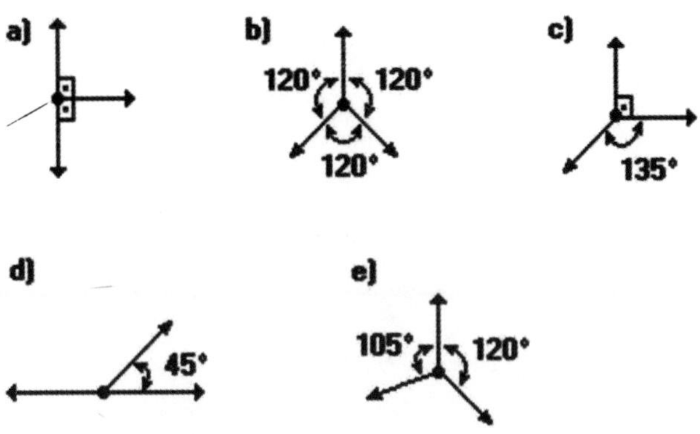

CAPÍTULO 4 - VETORES: TRATAMENTO ALGÉBRICO EM $\mathbb{R}^2$ e $\mathbb{R}^3$

Objetivos Principais: Ao final deste tópico, você deverá ser capaz de determinar um vetor a partir de suas coordenadas no plano e no espaço; realizar operações básicas algebricamente com vetores representados pelas suas coordenadas; calcular o módulo de um vetor; identificar se dois vetores são paralelos.

VETORES EM $\mathbb{R}^2$

Como já dito, em Geometria Analítica definimos Plano Cartesiano como sendo o resultado do produto cartesiano $\mathbb{R}^2 = \mathbb{R} \times \mathbb{R}$ (leia "$\mathbb{R}$ cartesiano $\mathbb{R}$"), de modo que para quaisquer $x, y \in \mathbb{R}$, exista $(x, y) \in \mathbb{R} \times \mathbb{R} = \mathbb{R}^2$, e cada par ordenado (x, y), seja associado a um único ponto do plano euclidiano. A interseção dos eixos coordenados se dá no ponto de coordenadas (0,0), denominado origem do sistema cartesiano.

BASE CANÔNICA DE $\mathbb{R}^2$ – Todo deslocamento em $\mathbb{R}^2$ pode ser pensado como um deslocamento horizontal seguido de um deslocamento vertical. Por exemplo, na figura abaixo, o deslocamento $\overrightarrow{AB}$ coincide com um deslocamento horizontal $\overrightarrow{AQ}$ seguido de um vertical $\overrightarrow{QB}$.

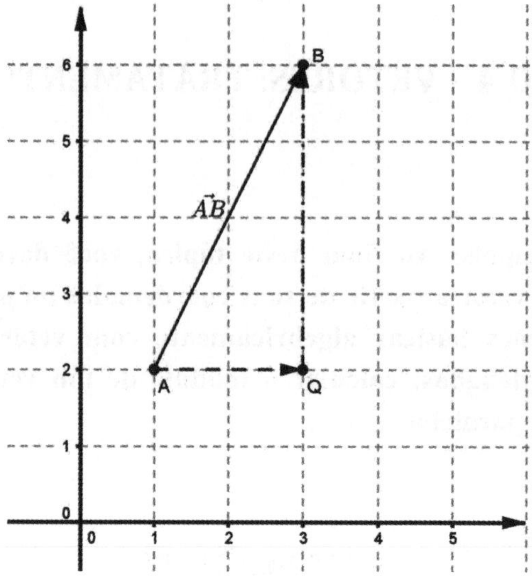

Figura 1: Base canônica no plano e decomposição de um vetor na base canônica

Considerando $\vec{i}$ o vetor unitário do eixo Ox e $\vec{j}$ o vetor unitário do eixo Oy, obteremos uma representação algébrica para os vetores em $\mathbb{R}^2$. Basta intuir que todo vetor $\vec{v} \in \mathbb{R}^2$ pode ser expresso como soma de dois vetores, um horizontal (múltiplo de $\vec{i}$) e um vertical (múltiplo de $\vec{j}$). Dessa forma, todo vetor do plano pode ser escrito como uma combinação linear dos vetores $\vec{i}$ e $\vec{j}$:

$$\vec{v} = x\vec{i} + y\vec{j}$$

e essa combinação é única, ou seja, os valores de x e y são característicos de cada "família" de vetores do plano, distintos apenas por translação. Dessa forma, estabelecemos uma bijeção entre o conjunto dos vetores idênticos e os pares ordenados (x, y). No exemplo do vetor $\overrightarrow{AB}$ da figura anterior, temos que $\overrightarrow{AB} = 2\vec{i} + 4\vec{j}$.

A expressão $\vec{v} = x\vec{i} + y\vec{j}$ é chamada **expressão cartesiana** de $\vec{v}$ em $\mathbb{R}^2$, e todos os vetores $\vec{u} = \vec{v}$ terão $\vec{v}$ como seu representante natural (ou melhor representante). Percebemos que o representante natural de um conjunto de vetores idênticos é aquele no qual a origem do vetor coincide com a origem do sistema cartesiano de coordenadas.

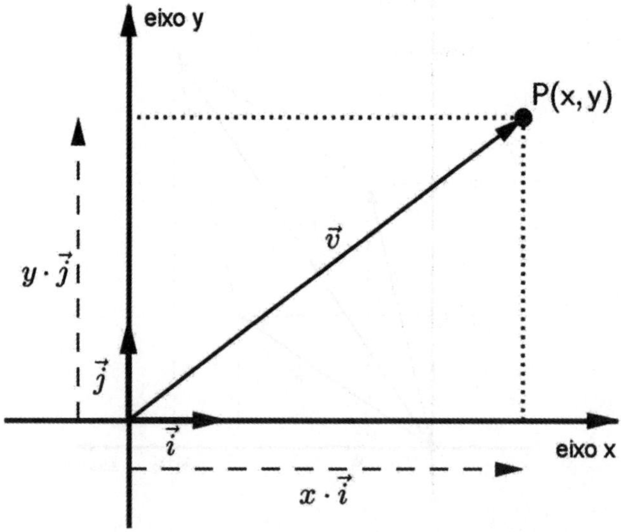

Figura 2: Decomposição de vetores na base canônica

Nesse caso, o par ordenado (x, y) é chamado **expressão analítica** de $\vec{v}$, e coincide com a extremidade do próprio vetor.

Observação: O conjunto formado pelos vetores $\{\vec{i}, \vec{j}\}$ é denominado Base Canônica de $\mathbb{R}^2$, e a expressão analítica dos vetores integrantes dessa base são $\vec{i} = (1,0)$ e $\vec{j} = (0,1)$.

IGUALDADE: Dados dois vetores na forma analítica, $\vec{u} = (x_1, y_1)$ e $\vec{v} = (x_2, y_2)$, dizemos que $\vec{u} = \vec{v}$ se, e somente se, $x_1 = x_2$ e $y_1 = y_2$.

OPERAÇÕES - Sejam $\vec{u} = (x_1, y_1)$ e $\vec{v} = (x_2, y_2)$ dois vetores de $\mathbb{R}^2$ expressos na forma analítica, e $\alpha \in \mathbb{R}$ um escalar. Podemos obter expressões analíticas para soma, diferenças e produtos por escalar:

SOMA – Pelo diagrama abaixo, é fácil verificar que a soma de vetores é feita coordenada a coordenada:

$$\vec{u} + \vec{v} = (x_1 + x_2, y_1 + y_2).$$

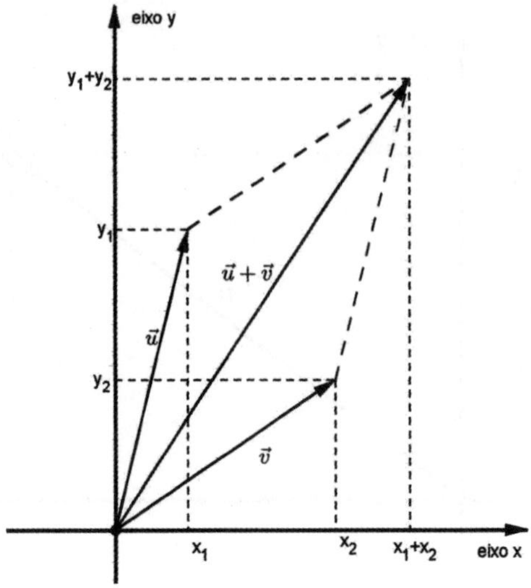

Figura 3: Coordenadas da soma de vetores

PRODUTO POR ESCALAR – Sempre que multiplicamos um vetor $\vec{u} = (x_1, y_1)$ por um escalar, geramos um novo vetor paralelo a $\vec{u}$. Se multiplicarmos por um fator α, então $\|\alpha\vec{u}\| = |\alpha| \cdot \|\vec{u}\|$ e, dessa forma, os triângulos formados pelos vetores e o eixo Ox são semelhantes, com razão de semelhança $|\alpha|$. Assim, temos que:

$$\boldsymbol{\alpha\vec{u} = (\alpha x_1, \alpha y_1) = \alpha(x_1, y_1)}.$$

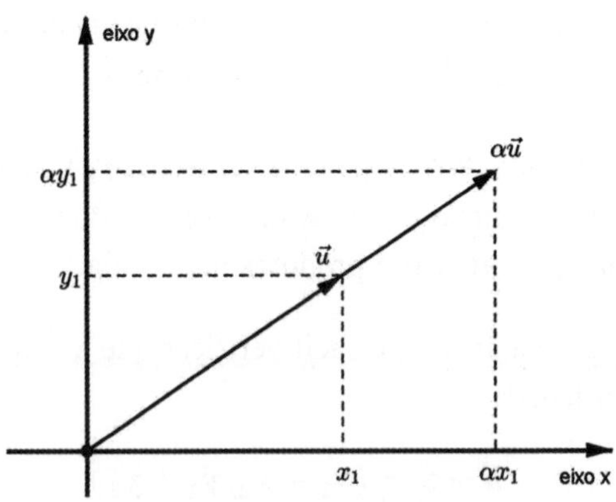

Figura 4: Coordenadas do produto de vetor por escalar

Perceba que, agora, podemos caracterizar analiticamente a diferença entre dois vetores. Sendo $\vec{u} = (x_1, y_1)$ e $\vec{v} = (x_2, y_2)$, teremos:

$$\vec{u} - \vec{v} = \vec{u} + (-\vec{v}) = (x_1 - x_2, y_1 - y_2).$$

As propriedades da soma e produto por escalar são consequências das definições geométricas e operações em $\mathbb{R}^2$:

- $\vec{u} + \vec{v} = \vec{v} + \vec{u}$
- $\vec{u} + (\vec{v} + \vec{w}) = (\vec{u} + \vec{v}) + \vec{w}$
- $\vec{v} + \vec{0} = \vec{v}$
- $\vec{v} + (-\vec{v}) = \vec{0}$
- $(\alpha\beta)\vec{v} = \alpha(\beta\vec{v}) = \beta(\alpha\vec{v})$
- $\alpha(\vec{u} + \vec{v}) = \alpha\vec{u} + \alpha\vec{v}$
- $(\alpha + \beta)\vec{v} = \alpha\vec{v} + \beta\vec{v}$
- $1\vec{v} = \vec{v}$

VETOR DEFINIDO POR DOIS PONTOS – Considere dois pontos A e B no plano cartesiano de coordenadas $A(x_1, y_1)$ e $B(x_2, y_2)$. O vetor $\overrightarrow{AB}$ representa o deslocamento de A para B e pode ser determinado como combinação linear dos vetores $\overrightarrow{OA}$ e $\overrightarrow{OB}$:

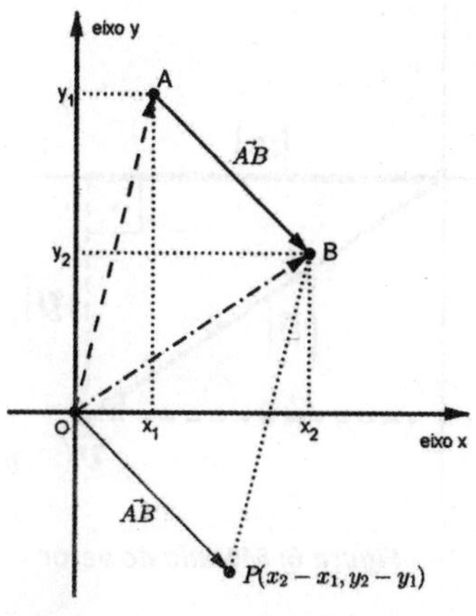

Figura 5: Coordenadas do vetor definido por dois pontos

Pela figura, temos:

$$\overrightarrow{OA} + \overrightarrow{AB} = \overrightarrow{OB} \Rightarrow \overrightarrow{AB} = \overrightarrow{OB} - \overrightarrow{OA} \Rightarrow$$

$$\overrightarrow{AB} = (x_2, y_2) - (x_1, y_1) \Rightarrow$$

$$\overrightarrow{\boldsymbol{AB}} = (\boldsymbol{x_2} - \boldsymbol{x_1}, \boldsymbol{y_2} - \boldsymbol{y_1}).$$

Vemos que $\overrightarrow{AB} = B - A$, ou seja, as coordenadas do vetor $\overrightarrow{AB}$ são obtidas subtraindo-se as coordenadas do ponto final pelas do inicial. Podemos, então, dizer, sendo $\vec{v} = \overrightarrow{AB}$, que:

$$\boldsymbol{B} = \boldsymbol{A} + \vec{\boldsymbol{v}}.$$

A equação acima pode parecer estranha a princípio, pois sugere uma soma ponto + vetor, mas basta lembrar que às coordenadas do ponto A está associado o vetor $\overrightarrow{OA}$, sendo O a origem do sistema de coordenadas.

NORMA (MÓDULO) DE UM VETOR – Sendo $\vec{v} = (x, y)$ a expressão analítica de um vetor $\vec{v}$ qualquer, teremos pelo Teorema de Pitágoras:

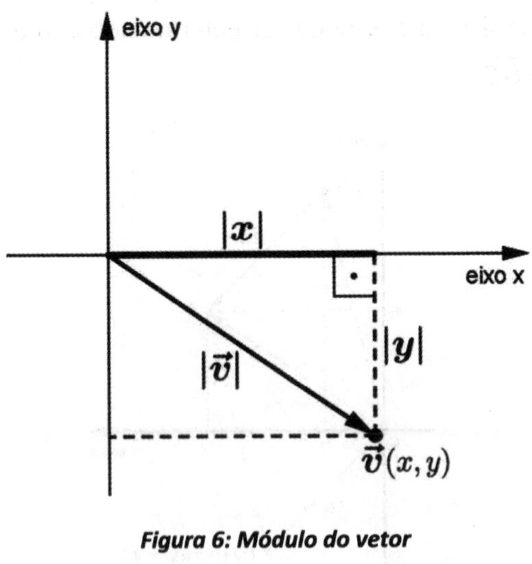

Figura 6: Módulo do vetor

$$\|\vec{v}\|^2 = x^2 + y^2 \Rightarrow$$

$$\|\vec{v}\| = \sqrt{x^2 + y^2}.$$

PROPRIEDADES:

- $\|\alpha\vec{v}\| = |\alpha| \cdot \|\vec{v}\|$, pois

$$\|\alpha\vec{v}\| = \|\alpha(x,y)\| = \|(\alpha x, \alpha y)\| = \sqrt{(\alpha x)^2 + (\alpha y)^2} = \sqrt{\alpha^2(x^2+y^2)}$$
$$= \sqrt{\alpha^2}.\sqrt{x^2+y^2} = |\alpha| \cdot \|\vec{v}\|.$$

- Sendo $\vec{v}$ um vetor qualquer, podemos multiplicá-lo por um escalar α positivo conveniente de modo que o produto $\overrightarrow{\alpha v}$ seja um vetor unitário, de mesmo sentido de $\vec{v}$, chamado <u>VERSOR</u> de $\vec{v}$. Indicando por $\vec{u}$ o versor de $\vec{v}$, teremos:

$$\|\vec{u}\| = 1 \Rightarrow \|\alpha\vec{v}\| = 1 \Rightarrow |\alpha| \times \|\vec{v}\| = 1 \Rightarrow |\alpha| = \frac{1}{\|\vec{v}\|}.$$

Como α é positivo, teremos:

$$\vec{u} = \left(\frac{1}{\|\vec{v}\|}\right)\vec{v}.$$

Exemplos:

1) Determine a distância entre os pontos $A(2,-7)$ e $B(5,3)$ no plano.

Observe que a distância entre os pontos citados é a própria norma do vetor $\overrightarrow{AB}$, então:

$$\overrightarrow{AB} = B - A = (5,3) - (2,-7) = (3,10)$$

$$d_{(A,B)} = \|\overrightarrow{AB}\| = \sqrt{3^2 + 10^2} = \sqrt{109}.$$

2) Calcule o versor do vetor $\overrightarrow{AB}$ exemplo anterior.

Como vimos, o versor de $\overrightarrow{AB}$ é obtido pelo produto deste pelo inverso de sua norma, ou seja:

$$versor\ de\ \overrightarrow{AB} = \frac{1}{\sqrt{109}}(3{,}10) = \left(\frac{3}{\sqrt{109}}, \frac{10}{\sqrt{109}}\right).$$

PARALELISMO – Dados $\vec{u} = (x_1, y_1)$ e $\vec{v} = (x_2, y_2)$, dizemos que $\vec{u}$ e $\vec{v}$ são paralelos se, e somente se, $\vec{u} = \alpha\vec{v}$, sendo $\alpha \in \mathbb{R}$. Então:

$$(x_1, y_1) = \alpha(x_2, y_2) = (\alpha x_2, \alpha y_2) \Rightarrow$$

$$\begin{cases} x_1 = \alpha x_2 \\ y_1 = \alpha y_2 \end{cases} \Rightarrow$$

$$\boldsymbol{\alpha = \frac{x_1}{x_2} = \frac{y_1}{y_2}}.$$

Supondo x_2 e y_2 não nulos

Assim, podemos concluir que os vetores são paralelos se, e somente se, suas coordenadas são proporcionais.

Exemplo:

Verifique se são paralelos os vetores $\vec{u} = (6, -8)$ e $\vec{w} = (-3{,}4)$.

Observe que as coordenadas são proporcionais:
$\frac{6}{-3} = \frac{-8}{4} = -2$. Portanto, os vetores são paralelos.

Observação: Perceba nas demonstrações acima que o cálculo do versor e a noção de paralelismo independem da quantidade de coordenadas do vetor, logo serão válidas para $\mathbb{R}^3$.

ÂNGULOS DIRETORES – Seja $\vec{v} = (x, y)$ um vetor com origem em $(0,0)$. Sejam α e β os ângulos formados por $\vec{v}$ e Ox e $\vec{v}$ e Oy, respectivamente. Definimos como cossenos diretores aos cossenos dos ângulos α e β, ângulos formados pelo vetor $\vec{v}$ e os eixos coordenados.

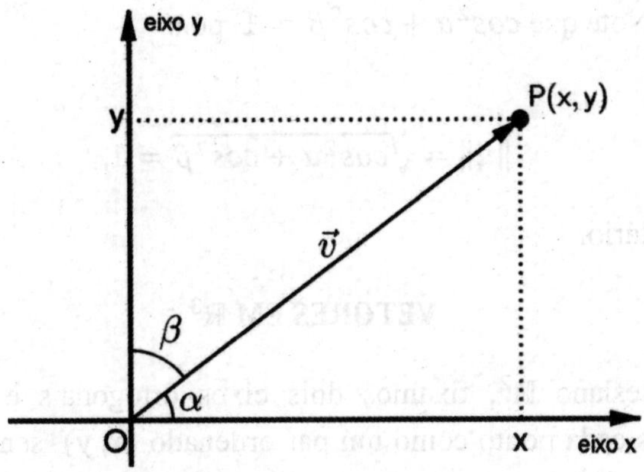

Figura 7: Ângulo entre vetores

Da figura acima, temos que:

$$\cos\alpha = \frac{x}{\|\vec{v}\|} \Rightarrow x = \cos\alpha\|\vec{v}\| \ e \ \cos\beta = \frac{y}{\|\vec{v}\|} \Rightarrow y = \cos\beta\|\vec{v}\|.$$

As coordenadas de $\vec{v}$ podem ser escritas então como $\vec{v} = (\cos\alpha\|\vec{v}\|, \cos\beta\|\vec{v}\|)$. Caso $\vec{u}$ seja o versor de $\vec{v}$, teríamos $\vec{u} = (\cos\alpha, \cos\beta)$. Ou seja, as coordenadas do versor de um vetor qualquer fornecem os ângulos de inclinação que este forma com os eixos cartesianos.

Exemplo:

Determine o ângulo que o vetor $\vec{v} = (\sqrt{3}, 1)$ forma com os eixos cartesianos.

O versor de $\vec{v}$ será dado por:

$$\left(\frac{1}{\|\vec{v}\|}\right)\vec{v} = \frac{1}{\sqrt{\left(\sqrt{3}\right)^2 + 1^2}}(\sqrt{3}, 1) = \frac{1}{2}(\sqrt{3}, 1) = \left(\frac{\sqrt{3}}{2}, \frac{1}{2}\right)$$

Então, $\cos\alpha = \frac{\sqrt{3}}{2} \Rightarrow \alpha = 30°$ e $\cos\beta = \frac{1}{2} \Rightarrow \beta = 60°$.

Observação: Note que $cos^2\alpha + cos^2\beta = 1$, pois

$$\|\vec{u}\| = \sqrt{cos^2\alpha + cos^2\beta} = 1,$$

já que $\vec{u}$ é unitário.

VETORES EM $\mathbb{R}^3$

No plano cartesiano $\mathbb{R}^2$, fixamos dois eixos ortogonais e a origem para representarmos cada ponto como um par ordenado (x, y), sendo x a projeção do ponto no 1º eixo e y a projeção do ponto no 2º eixo. De forma análoga, o espaço cartesiano, também chamado de $\mathbb{R}^3$, é visto pela Geometria Analítica como a operação $\mathbb{R}^3 = \mathbb{R} \times \mathbb{R} \times \mathbb{R}$, na qual para quaisquer $x, y, z \in \mathbb{R}$, existe $(x, y, z) \in \mathbb{R}^3$, chamada terna ordenada, que é associada a um único ponto do espaço euclidiano. Para tanto, fixamos os três eixos coordenados, dois a dois ortogonais, que são denominados eixo das abscissas (eixo Ox), eixo das ordenadas (eixo Oy) e eixo das cotas (eixo Oz). Cada ponto P do espaço fica associado a um terno ordenado, em que cada coordenada é a projeção do ponto em cada um dos eixos coordenados.

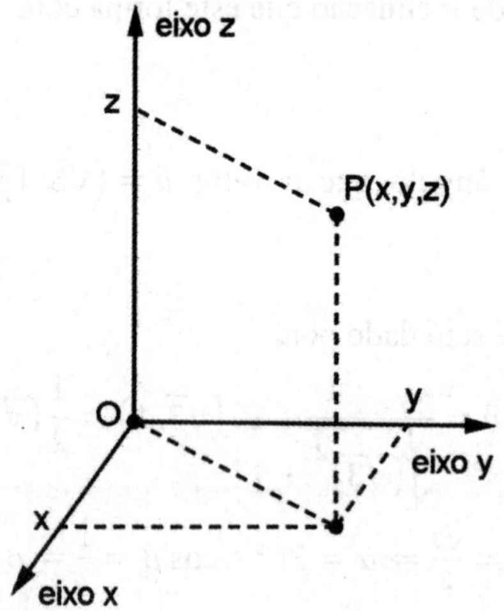

Figura 8: Coordenadas de um ponto no espaço

Assim, cada ponto do espaço é representado por uma terna ordenada. A origem do espaço $\mathbb{R}^3$ é o ponto $O(0,0,0)$.

A distância entre dois pontos $P(x_1, y_1, z_1)$ e $Q(x_2, y_2, z_2)$ pode ser obtida por uma dupla aplicação do Teorema de Pitágoras.

$$\boldsymbol{d_{(P,Q)} = \sqrt{(x_2 - x_1)^2 + (y_2 - y_1)^2 + (z_2 - z_1)^2}.}$$

Exemplo:

Encontre uma equação para a esfera centrada na origem e de raio $r = 2$.

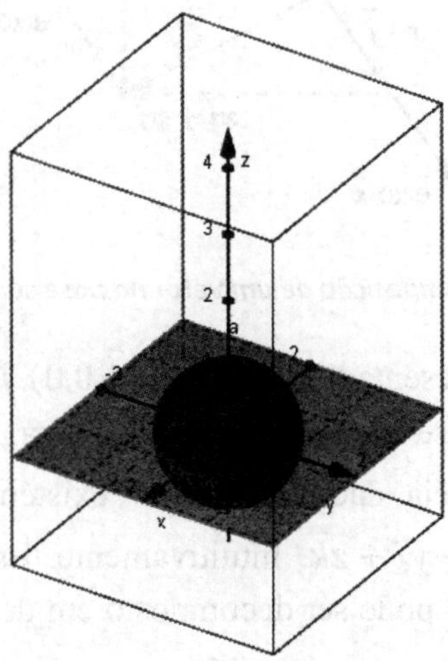

Figura 9: Exemplo de esfera no espaço

Tomando um ponto genérico $P(x, y, z)$ no espaço e considerando que a distância desse ponto até a origem é dada por $\sqrt{x^2 + y^2 + z^2}$, temos que a equação da esfera pode ser dada por

$$\sqrt{x^2 + y^2 + z^2} = 2 \ ou \ x^2 + y^2 + z^2 = 4.$$

BASE CANÔNICA DE $\mathbb{R}^3$ – Analogamente ao plano, tomemos 3 vetores unitários e ortogonais entre si, cada um na direção de um dos eixos. Estes vetores formam a base canônica de $\mathbb{R}^3$, os vetores $\vec{i}, \vec{j}$ e $\vec{k}$.

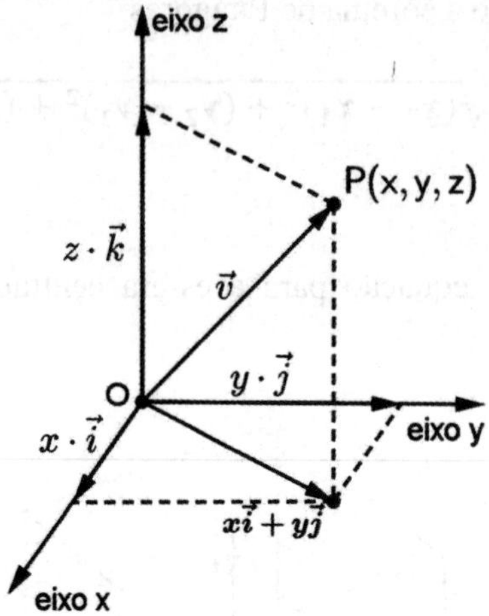

Figura 10: Decomposição de um vetor na base canônica do espaço

Os vetores serão representados por $\vec{i} = (1,0,0), \vec{j} = (0,1,0)$ e $\vec{k} = (0,0,1)$. Qualquer vetor em $\mathbb{R}^3$ se escreve, de forma única, como combinação linear dos vetores $\vec{i}, \vec{j}$ e $\vec{k}$, ou seja, dado um vetor $\vec{v}$, existem únicos números reais x, y e z tais que $\vec{v} = x\vec{i} + y\vec{j} + z\vec{k}$. Intuitivamente, isso significa que qualquer deslocamento no espaço pode ser decomposto em deslocamentos nas direções dos eixos coordenados.

Representação Cartesiana: $\vec{v} = x\vec{i} + y\vec{j} + z\vec{k}$

Representação Analítica: $\vec{v} = (x, y, z)$

Os vetores em $\mathbb{R}^3$ têm basicamente as mesmas propriedades e recebem o mesmo tratamento que os vetores no plano, considerando-se o acréscimo da 3ª coordenada. Por isso, vamos estender os conceitos vistos em $\mathbb{R}^2$ para o espaço sem todas as construções devidas.

OPERAÇÕES – Sejam $\vec{u} = (x_1, y_1, z_1)$ e $\vec{v} = (x_2, y_2, z_2)$ dois vetores de $\mathbb{R}^3$ expressos na forma analítica, e $\alpha \in \mathbb{R}$. Podemos definir as operações básicas em $\mathbb{R}^3$ de forma análoga à feita em $\mathbb{R}^2$. Sintetizando os resultados, teremos:

SOMA: $\vec{u} + \vec{v} = (x_1 + x_2, y_1 + y_2, z_1 + z_2)$.

DIFERENÇA: $\vec{u} - \vec{v} = (x_1 - x_2, y_1 - y_2, z_1 - z_2)$.

PRODUTO POR ESCALAR: $\alpha\vec{u} = \alpha(x_1, y_1, z_1) = (\alpha x_1, \alpha y_1, \alpha z_1)$.

VETOR DEFINIDO POR DOIS PONTOS - Considere dois pontos A e B no espaço, com coordenadas $A(x_1, y_1, z_1)$ e $B(x_2, y_2, z_2)$. Analogamente ao plano, podemos definir o vetor deslocamento de A para B, ou, simplesmente, vetor "AB", como o vetor obtido tomando-se as coordenadas de B menos as de A:

$$\vec{v} = \overrightarrow{AB} = B - A = (x_1 - x_2, y_1 - y_2, z_1 - z_2).$$

MÓDULO (OU NORMA) DE UM VETOR - Sendo $\vec{v} = (x, y, z)$ a expressão analítica de um vetor $\vec{v}$ qualquer, podemos visualizá-lo como a diagonal de um paralelepípedo retângulo de lados x, y e z.

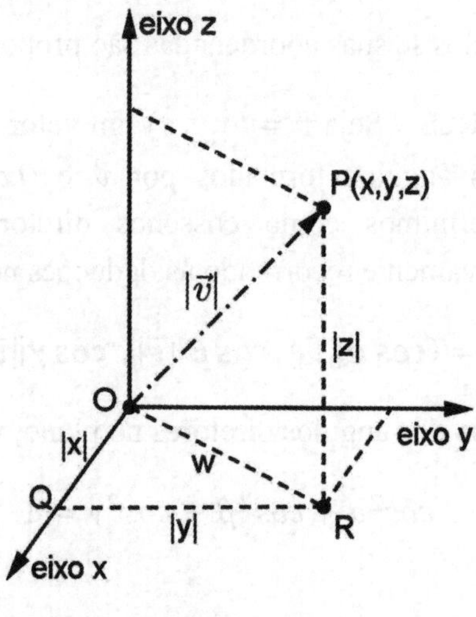

Figura 11: Módulo de um vetor no espaço

Do triângulo ΔOQR, temos: $w^2 = x^2 + y^2$:

Do triângulo ΔPOR, temos: $\|\vec{v}\|^2 = w^2 + z^2$

Substituindo, obtemos o módulo do vetor:

$$\|\vec{v}\| = \sqrt{x^2 + y^2 + z^2}.$$

PARALELISMO - Dois vetores são paralelos quando um é múltiplo escalar do outro. Dessa forma, dados $\vec{u} = (x_1, y_1, z_1)$ e $\vec{v} = (x_2, y_2, z_2)$, temos $\vec{u} \, // \, \vec{v}$ se, e somente se, $\vec{u} = \alpha\vec{v}$, com $\alpha \in \mathbb{R}$. Desenvolvendo esse produto:

$$(x_1, y_1, z_1) = \alpha(x_2, y_2, z_2) = (\alpha x_2, \alpha y_2, \alpha z_2) \Rightarrow \begin{cases} x_1 = \alpha x_2 \\ y_1 = \alpha y_2 \\ z_1 = \alpha z_2 \end{cases},$$

ou seja,

$$\alpha = \frac{x_1}{x_2} = \frac{y_1}{y_2} = \frac{z_1}{z_2}.$$

supondo x_2, y_2 e z_2 não nulos.

Os vetores são paralelos se suas coordenadas são proporcionais.

ÂNGULOS DIRETORES - Seja $\vec{v} = (x, y, z)$ um vetor com origem em $(0, 0)$. Sejam α, β e γ os ângulos formados por $\vec{v}$ e Ox, $\vec{v}$ e Oy e $\vec{v}$ e Oz, respectivamente. Definimos como cossenos diretores aos cossenos dos ângulos α, β e γ. Novamente recorrendo às deduções no plano, teremos:

$$\vec{v} = (\cos\alpha\|\vec{v}\|, \cos\beta\|\vec{v}\|, \cos\gamma\|\vec{v}\|).$$

Analogamente ao caso dos ângulos diretores no plano, vale que:

$$cos^2\alpha + cos^2\beta + cos^2\gamma = 1.$$

EXERCÍCIOS PROPOSTOS:

1) Encontre o vetor deslocamento de $A(1,5)$ para $B(3,2)$ e o deslocamento de B para A. Represente-os graficamente usando um sistema de coordenadas.

2) Determine o versor do vetor $\vec{v} = 4\vec{i} - 2\vec{j}$.

3) Uma agência de espionagem programa um pequeno drone para, a partir de um ponto inicial, deslocar-se na direção do vetor $\vec{v} = (1,3)$. Em virtude do vento, o drone seguiu em outra direção, a do vetor $\vec{w} = (2,2)$. Qual o vetor que representa a velocidade do vento? Qual a velocidade escalar do vento? Considere as unidades do S.I.(Sistema Internacional de medidas)

4) Determine todos os vetores paralelos ao vetor $\vec{w} = (-12,5)$ e que têm módulo 4.

5) Dados os vetores $\vec{u} = (2,-4)$, $\vec{v} = (-5,1)$ e $\vec{w} = (16,-14)$, determine valores de m e n tal que $\vec{w} = m\vec{u} + n\vec{v}$.

6) É possível escrever o vetor $\vec{u} = (5,7)$ como uma combinação linear dos vetores $\vec{a} = (1,3)$ e $\vec{b} = (-2,-6)$? Justifique sua resposta.

7) Mostre que, se $\vec{u}$ e $\vec{v}$ são vetores não paralelos, a, b, m e n são números reais e $a\vec{u} + b\vec{v} = m\vec{u} + n\vec{v}$, então $a = m$ e $b = n$.

8) Calcule a distância do ponto $P(3,4,5)$ ao ponto $Q(0,0,1)$.

9) Determine a interseção da esfera de raio 1 e centro na origem com o paraboloide de revolução dado pela equação $z = x^2 + y^2$.

10) Determine a distância do ponto C ao ponto médio do segmento AB, sendo $A(1,1,1)$, $B(3,5,7)$ e $C(-1,2,3)$.

11) Mostre que, se A e B são pontos no espaço, então $d(A,B) = |\overrightarrow{AB}|$.

12) É CORRETO afirmar que, se $|\vec{u}| = |\vec{v}|$, então $\vec{u} = \vec{v}$? Justifique.

13) Determine o(s) valor(es) de $r \in \mathbb{R}$ tal(is) que os vetores $\vec{u} = (r - 5{,}6, r)$ e $\vec{v} = (24, r + 5, \frac{52}{3})$ sejam paralelos.

EXERCÍCIOS DE REVISÃO:

1) Sabendo que *ABCD* é um paralelogramo e que *L* e *M* são os pontos médios dos lados *BC* e *CD*, respectivamente, então pode-se afirmar que $\overrightarrow{AL} + \overrightarrow{AM}$ é igual a:

a) $\overrightarrow{AC}$
b) $\overrightarrow{CA}$
c) $\frac{1}{2}\overrightarrow{AC}$
d) $\frac{3}{2}\overrightarrow{AC}$
e) $\frac{3}{2}\overrightarrow{CA}$

2) A respeito dos vetores $\vec{a} = (1{,}3)$ e $\vec{b} = (2{,}1)$ é CORRETO afirmar que:

a) todo vetor do $\mathbb{R}^2$ pode ser escrito como combinação linear de $\vec{a}$ e $\vec{b}$.
b) a e b (ficaria assim: $\vec{a}$ e $\vec{b}$ são paralelos).
c) $|\vec{a} + \vec{b}| = |\vec{a}| + |\vec{b}|$
d) existem números reais x e y, não ambos nulos, tais que $x\vec{a} + y\vec{b} = \vec{0}$.

3) “Em sua obra publicada em 1687, com o título "*Philosophiae Naturalis Principia Mathematica* (Princípios Matemáticos da Filosofia Natural), Newton enunciou as três leis fundamentais da Mecânica. Nessa obra, Newton procura, como o nome da obra antecipa, aplicar os princípios matemáticos na descrição dos fenômenos naturais relacionados ao movimento, agora de uma forma geral.” http://efisica.if.usp.br/mecanica/curioso/historia/newton/ (Acesso em 04/10/17.)

Na Mecânica Newtoniana, definimos força resultante como a soma vetorial de todas as forças sobre um objeto. Além disso, dizemos que um objeto está em equilíbrio quando a soma de forças sobre ele é nula, ou seja, $\sum \vec{F} = 0$.

Suponha uma partícula submetida a um sistema constituído por três forças, dadas por $\overrightarrow{F_1} = 2\vec{i} + 3\vec{j} - 6\vec{k}$, $\overrightarrow{F_2} = -\vec{i} + 2\vec{k}$ e por $\overrightarrow{F_3} = 3\vec{i} - 3\vec{j} + \vec{k}$, todas medidas em Newtons (N). A respeito dessa situação, é **CORRETO** afirmar que:

a) a força resultante sobre a partícula é $\vec{R} = 4\vec{i} + 2\vec{j} - 3\vec{k}$.
b) o módulo da força resultante sobre a partícula é de 5N.
c) a força resultante encontra-se no plano xOy.
d) o objeto está em equilíbrio.
e) o sistema de forças é coplanar, ou seja, as três forças pertencem a um mesmo plano.

CAPÍTULO 5 – MATRIZES E DETERMINANTES

Objetivos Principais: Ao final deste tópico, você deverá ser capaz de identificar e representar diferentes tipos de matrizes e seus elementos; reconhecer a notação característica de matrizes; somar, subtrair e multiplicar matrizes; relacionar matrizes com sistemas lineares; reconhecer a relação entre os determinantes e a solução de sistemas lineares; utilizar os métodos de Laplace e Sarrus para cálculo de determinantes; aplicar as principais propriedades dos determinantes; interpretar e resolver problemas que envolvam matrizes e determinantes.

As matrizes têm interesse estratégico no estudo de Matemática e, dentre suas aplicações, estão a resolução de sistemas lineares, o estudo das chamadas transformações lineares, bem como a criptografia. As matrizes são também muito utilizadas na Ciência da Computação e em estudos de robótica. Nessa seção, estudaremos alguns tipos especiais de matrizes e operações entre matrizes, além dos determinantes.

MATRIZES

DEFINIÇÃO – Chamamos matriz a uma tabela organizada em fileiras horizontais, chamadas de **linhas**, e fileiras verticais, chamadas de **colunas**, denotada geralmente por $A_{mxn} = (a_{ij})_{mxn}$, em que m e n representam, respectivamente, o número de linhas e colunas da matriz, e i e j representam a posição do elemento (ou entrada) na matriz, sendo i a linha e j a coluna na qual esse elemento se posiciona. Assim, a_{23} representa o elemento que está na 2ª linha e terceira coluna de uma matriz A.

$$A = \begin{bmatrix} a_{11} & a_{12} & \cdots & a_{1n} \\ a_{21} & a_{22} & \ldots & a_{2n} \\ \vdots & \vdots & \ddots & \vdots \\ a_{m1} & a_{m2} & \cdots & a_{mn} \end{bmatrix}.$$

Uma matriz de ordem $m \times n$ é uma matriz com m linhas e n colunas.

Exemplos:

(a) $\begin{pmatrix} 1 & -2 \\ 5 & 7 \end{pmatrix}$ é uma matriz com 2 linhas e 2 colunas, portanto é uma matriz 2×2.

(b) $\begin{pmatrix} -3 & 0 & 5 \\ 15 & 1 & \frac{1}{3} \end{pmatrix}$ é uma matriz 2×3, pois tem 2 linhas e 3 colunas.

(c) $\begin{pmatrix} 10 & 2 & 1 & 0 \\ -7 & 3 & 4 & 2 \\ 3 & 8 & 2 & 5 \end{pmatrix}$ é uma matriz 3×4.

(d) $\begin{pmatrix} \sqrt{5} \\ 20{,}5 \\ 6 \end{pmatrix}$ é uma matriz 3×1. Matrizes com apenas uma coluna são chamadas de **matrizes colunas**.

(e) $(7 \quad \pi)$ é uma matriz 1×2. Se a matriz tem apenas uma linha, ela é chamada de **matriz linha**.

Os vetores em $\mathbb{R}^2$ou $\mathbb{R}^3$ são representados por matrizes linha ou matrizes coluna.

Matrizes cujo número de linhas é igual ao de colunas são chamadas de **matrizes quadradas**. A ordem de uma matriz quadrada é o número de linhas (ou de colunas) que ela possui. No exemplo (a) temos uma matriz quadrada de ordem 2. $M = \begin{pmatrix} 3 & 2 & 0 \\ 1 & 1 & 7 \\ 2 & 4 & 6 \end{pmatrix}$ é um exemplo de matriz quadrada 3×3.

Numa matriz quadrada A, os termos a_{ij} em que os índices i (indicador da linha) e j (indicador da coluna) são iguais formam a **diagonal principal**. A outra diagonal da matriz é chamada de **diagonal secundária**. Os termos da diagonal secundária são os a_{ij} tais que $i + j = n + 1$, sendo n a ordem da matriz quadrada.

No exemplo abaixo, a diagonal principal é formada pelos números 3, 1 e 6 no interior dos retângulos, e a diagonal secundária por 2, 1 e 0, destacados em negrito.

$$M = \begin{pmatrix} \boxed{3} & 2 & \mathbf{0} \\ 1 & \boxed{\mathbf{1}} & 7 \\ \mathbf{2} & 4 & \boxed{6} \end{pmatrix}$$

Um caso de destaque de matriz quadrada é o das matrizes identidade. A **matriz identidade** de ordem n é a matriz $n \times n$ constituída de números 1 na diagonal principal e 0 nas demais posições. Assim, por exemplo:

$I_2 = \begin{pmatrix} 1 & 0 \\ 0 & 1 \end{pmatrix}$ é a matriz identidade de 2ª ordem e $I_3 = \begin{pmatrix} 1 & 0 & 0 \\ 0 & 1 & 0 \\ 0 & 0 & 1 \end{pmatrix}$ é a matriz identidade de 3ª ordem.

Trocando-se, ordenadamente, as linhas pelas colunas de uma matriz, obtemos a chamada **matriz transposta**. Mais formalmente, dada uma matriz $A = (a_{ij})_{n\,x\,m}$, a matriz transposta de A é a matriz $A^T = (a_{ji})_{mxn}$. Assim, a transposta de uma matriz 3×2 é uma matriz 2×3. Por exemplo:

Se $A = \begin{pmatrix} 4 & 2 \\ 1 & 0 \\ -2 & 6 \end{pmatrix}_{3x2}$, então a transposta de A é a matriz

$A^T = \begin{pmatrix} 4 & 1 & -2 \\ 2 & 0 & 6 \end{pmatrix}_{2x3}$.

Observe que a transposta de uma matriz diagonal (matriz quadrada que só tem elementos não nulos na diagonal principal) é a própria matriz.

Exemplo: $D = \begin{pmatrix} 1 & 0 & 0 \\ 0 & 3 & 0 \\ 0 & 0 & 5 \end{pmatrix}$ é uma matriz diagonal 3×3. A transposta de D é a própria matriz.

OPERAÇÕES COM MATRIZES

Além de transpor matrizes, é possível sob certas condições somar, subtrair, multiplicar e inverter matrizes.

Para somar ou subtrair duas matrizes, elas devem ter a mesma ordem, e a operação é realizada somando-se ou subtraindo-se os elementos de mesma posição. Assim, se $A = (a_{ij})$ e $B = (b_{ij})$ são matrizes $m \times n$, então a soma de A e B é a matriz $m \times n$, definida por $A + B = (a_{ij} + b_{ij})$. Já a diferença $A - B$ é a matriz $m \times n$ dada por $A - B = (a_{ij} - b_{ij})$. Vejamos alguns exemplos:

Exemplos

1) Se $A = \begin{pmatrix} 2 & 3 & 4 \\ 1 & 2 & 3 \end{pmatrix}$ e $B = \begin{pmatrix} 4 & 11 & 1 \\ 5 & -1 & 7 \end{pmatrix}$, então:

$$A + B = \begin{pmatrix} 2+4 & 3+11 & 4+1 \\ 1+5 & 2+(-1) & 3+7 \end{pmatrix} = \begin{pmatrix} 6 & 14 & 5 \\ 6 & 1 & 10 \end{pmatrix} \text{ e}$$

$$A - B = \begin{pmatrix} 2-4 & 3-11 & 4-1 \\ 1-5 & 2-(-1) & 3-7 \end{pmatrix} = \begin{pmatrix} -2 & -8 & 3 \\ -4 & 3 & -4 \end{pmatrix}.$$

Também podemos multiplicar uma matriz A por um número real k. Por exemplo, para a matriz A do exemplo acima e $k = -2$, obteremos:

$$-2 \cdot A = \begin{pmatrix} -2 \cdot 2 & -2 \cdot 3 & -2 \cdot 4 \\ -2 \cdot 1 & -2 \cdot 2 & -2 \cdot 3 \end{pmatrix} = \begin{pmatrix} -4 & -6 & -8 \\ -2 & -4 & -6 \end{pmatrix}.$$

2) Se $M = \begin{pmatrix} 1 & -3 \\ 7 & 11 \end{pmatrix}$, determine a matriz $2M - 4I_2$.

Lembre-se de que I_2 é a matriz identidade de 2ª ordem. Portanto:

$$2M - 4I_2 = \begin{pmatrix} 2 & -6 \\ 14 & 22 \end{pmatrix} - \begin{pmatrix} 4 & 0 \\ 0 & 4 \end{pmatrix} = \begin{pmatrix} 2-4 & -6-0 \\ 14-0 & 22-4 \end{pmatrix} = \begin{pmatrix} -2 & -6 \\ 14 & 18 \end{pmatrix}.$$

PROPRIEDADES:

- $A + B = B + A$
- $(A + B) + C = A + (B + C)$
- $A + 0 = A$, sendo 0 a matriz nula, com todas as entradas iguais a 0.
- $A + (-A) = 0$, sendo $-A$ a matriz oposta de A.

PRODUTO DE MATRIZES – Uma importante operação com matrizes é o produto, especialmente utilizado no estudo de sistemas lineares. Em geral, não podemos multiplicar duas matrizes quaisquer, pois é necessária uma compatibilidade entre as ordens das matrizes: o número de colunas da 1ª matriz deve ser igual ao número de linhas da 2ª, ou seja, para efetuarmos o produto de $A_{m\times n}$ e $B_{p\times q}$, é necessário que $n = p$. Por exemplo, se A é uma matriz 3×2, é possível definir $A \cdot B$, desde que B seja uma matriz de duas linhas, não importando o número de colunas de B. Em particular, para multiplicarmos matrizes quadradas, elas devem ter a mesma ordem. O produto $A \cdot B$ é feito somando-se o produto entre a 1ª linha de A pela 1ª coluna de B, termo a termo, obtendo o elemento c_{11} do produto, e assim sucessivamente. Dessa forma, o elemento c_{ij} da matriz $A \cdot B$ é obtido pela soma dos produtos dos elementos da linha de número i de A pelos respectivos elementos da coluna de número j de B. É exatamente por isso que é necessário que o número de colunas da 1ª matriz coincida com o de linhas da 2ª. Se $A_{m\times n}$ e $B_{p\times q}$, então $A \cdot B$ é uma matriz $n \times p$.

Mais formalmente, dadas duas matrizes $A_{m\times n} = (a_{ij})_{m\times n}$ e $B_{n\times p} = (b_{ij})_{n\times p}$, definimos o produto entre as matrizes A e B como uma matriz $A \cdot B = C_{m\times p} = (c_{ij})_{m\times p}$, em que:

$$\boldsymbol{c_{ij} = a_{i1} \cdot b_{1j} + a_{i2} \cdot b_{2j} + \cdots + a_{in} \cdot b_{nj} = \sum_{k=1}^{n} a_{ik} \cdot b_{kj}}.$$

Cada elemento c_{ij} da matriz produto é obtido pelo somatório do produto dos elementos da linha i da matriz A com os respectivos elementos da coluna j da matriz B.

Exemplos:

1) Se $A = \begin{pmatrix} 1 & 2 & 3 \\ 0 & 1 & 4 \end{pmatrix}$ e $B = \begin{pmatrix} 4 & 1 \\ 0 & 5 \\ 1 & 2 \end{pmatrix}$, então é possível fazer o produto $A \cdot B$, pois A tem 3 colunas e B tem 3 linhas. Além disso, é possível fazer $B \cdot A$, pois B tem 2 colunas e A tem 2 linhas. Porém, $A \cdot B \neq B \cdot A$, pois seus "tamanhos" são diferentes. Vamos determinar $A \cdot B$ e deixaremos o cálculo de $B \cdot A$ para o leitor.

$$A \cdot B = \begin{pmatrix} 1 & 2 & 3 \\ 0 & 1 & 4 \end{pmatrix} \cdot \begin{pmatrix} 4 & 1 \\ 0 & 5 \\ 1 & 2 \end{pmatrix}$$
$$= \begin{pmatrix} 1\cdot 4 + 2\cdot 0 + 3\cdot 1 & 1\cdot 1 + 2\cdot 5 + 3\cdot 2 \\ 0\cdot 4 + 1\cdot 0 + 4\cdot 1 & 0\cdot 1 + 1\cdot 5 + 4\cdot 2 \end{pmatrix}$$
$$= \begin{pmatrix} 4+3 & 1+10+6 \\ 4 & 5+8 \end{pmatrix} = \begin{pmatrix} 7 & 17 \\ 4 & 13 \end{pmatrix}.$$

2) Sejam A e B matrizes tais que $A \cdot B$ é dado por

$$\begin{pmatrix} 2 & 1 & 3 \\ -2 & 5 & 1 \\ 4 & 0 & 1 \end{pmatrix} \cdot \begin{pmatrix} 6 \\ -1 \\ -2 \end{pmatrix} = \begin{pmatrix} 2\cdot 6 + 1\cdot(-1) + 3\cdot(-2) \\ -2\cdot 6 + 5\cdot(-1) + 1\cdot(-2) \\ 4\cdot 6 + 0\cdot(-1) + 1\cdot(-2) \end{pmatrix} = \begin{pmatrix} 5 \\ -19 \\ 22 \end{pmatrix}.$$

Podemos pensar que a matriz A é formada de vetores, dispostos em linhas e a matriz B como uma matriz formada por um vetor, disposto em coluna. O produto $A \cdot B$ é então obtido pela soma dos produtos entre as coordenadas dos vetores linhas de A e do vetor coluna de B, estrutura idêntica ao Produto Escalar entre vetores, como veremos posteriormente.

3) Observe que se A é uma matriz quadrada $n \times n$, então $A \cdot I_n = A$ e, da mesma forma, $I_n \cdot A = A$, o que significa que a matriz identidade é um "elemento" neutro para o produto de matrizes quadradas de uma certa ordem.

4) Uma das aplicações mais importantes do produto matricial é permitir a representação de sistemas lineares por equações matriciais. Todo sistema linear pode ser representado por uma equação matricial da forma $A \cdot X = B$ Por exemplo, o sistema linear

$$\begin{cases} 2x + 5y - 3z = 9 \\ -3x + 2y + 7z = -13 \end{cases}$$

pode ser representado pela equação $A \cdot X = B$, na forma

$$\begin{pmatrix} 2 & 5 & -3 \\ -3 & 2 & 7 \end{pmatrix} \begin{pmatrix} x \\ y \\ z \end{pmatrix} = \begin{pmatrix} 9 \\ -13 \end{pmatrix}.$$

Verifique.

Observação: Voltamos a frisar que o produto de matrizes **não** é comutativo. Muitas vezes é possível fazer $A \cdot B$, mas não é possível fazer $B \cdot A$. Por exemplo: se A_{3x2} e B_{2x1}, só é possível fazer o produto $A \cdot B$, nessa ordem. Mesmo para matrizes quadradas de uma mesma ordem, o produto geralmente não é comutativo, depende da ordem dos fatores, como nos mostra o exemplo a seguir:

$$\begin{pmatrix} 2 & 2 \\ 0 & 0 \end{pmatrix} \cdot \begin{pmatrix} 0 & 2 \\ 0 & 1 \end{pmatrix} = \begin{pmatrix} 0 & 6 \\ 0 & 0 \end{pmatrix}, \text{mas} \begin{pmatrix} 0 & 2 \\ 0 & 1 \end{pmatrix} \cdot \begin{pmatrix} 2 & 2 \\ 0 & 0 \end{pmatrix} = \begin{pmatrix} 0 & 0 \\ 0 & 0 \end{pmatrix}.$$

Consequentemente, é incorreto afirmar para matrizes A e B, por exemplo, que $(A+B)^2 = A^2 + 2AB + B^2$.

PROPRIEDADES: Dadas as matrizes A, B e C, as seguintes propriedades são válidas, desde que estejam definidas as operações (ou seja, tenham ordens compatíveis):

- O produto é associativo: $(A \cdot B) \cdot C = A \cdot (B \cdot C)$.
- A matriz identidade é elemento neutro do produto: $A \cdot I = I \cdot A = A$, em que I representa a identidade.
- O produto é distributivo com relação à soma: $A \cdot (B + C) = A \cdot B + A \cdot C$ (distributividade à esquerda) e $(B + C) \cdot A = B \cdot A + C \cdot A$ (distributividade à direita).
- Sendo $\alpha \in \mathbb{R}$, temos $\alpha(A \cdot B) = (\alpha A) \cdot B = A \cdot (\alpha B)$.

MATRIZ INVERSA – O processo de inversão de matrizes é importante na Matemática e em aplicações da Álgebra Linear. Vamos definir o significado que damos à inversa de matrizes. Lembramos que o inverso de um número real $a \neq 0$ é um número b tal que o produto seja igual a 1 (elemento neutro do produto em $\mathbb{R}$), isto é, $a \cdot b = 1$, e, portanto, o inverso de a é $b = a^{-1}$.

Duas matrizes quadradas de ordem n, A e B, são chamadas de inversas se $A \cdot B = I_n$, ou seja, se o produto dessas matrizes têm como resultado a matriz identidade I_n (elemento neutro do produto em $\mathbb{M}_n(\mathbb{R})$, matrizes quadradas de ordem n com entradas reais). Dizemos que $B = A^{-1}$.

Por exemplo, as matrizes $C = \begin{pmatrix} 1 & 0 & 1 \\ 2 & 1 & 1 \\ 3 & 1 & 1 \end{pmatrix}$ e $D = \begin{pmatrix} 0 & -1 & 1 \\ -1 & 2 & -1 \\ 1 & 1 & -1 \end{pmatrix}$ são matrizes inversas, já que:

$$C \cdot D = \begin{pmatrix} 1 & 0 & 1 \\ 2 & 1 & 1 \\ 3 & 1 & 1 \end{pmatrix} \cdot \begin{pmatrix} 0 & -1 & 1 \\ -1 & 2 & -1 \\ 1 & 1 & -1 \end{pmatrix} = \begin{pmatrix} 1 & 0 & 0 \\ 0 & 1 & 0 \\ 0 & 0 & 1 \end{pmatrix} = I_3.$$

Embora o produto de matrizes não seja comutativo, é possível provar que se $A \cdot B = I_n$ então $B \cdot A = I_n$ também. Ou seja, A é inversa de B e B é inversa de A. Use o exemplo anterior para fazer um teste!

Exemplo

Sendo $A = \begin{bmatrix} 2 & 9 \\ 1 & 5 \end{bmatrix}$ e $B = \begin{bmatrix} 5 & -9 \\ -1 & 2 \end{bmatrix}$, fazendo o produto dessas matrizes, obtemos:

$$\begin{bmatrix} 2 & 9 \\ 1 & 5 \end{bmatrix} \cdot \begin{bmatrix} 5 & -9 \\ -1 & 2 \end{bmatrix} = \begin{bmatrix} 10-9 & -18+18 \\ 5-5 & -9+10 \end{bmatrix} = \begin{bmatrix} 1 & 0 \\ 0 & 1 \end{bmatrix}.$$

Portanto $B = A^{-1}$.

Assim, $A = \begin{bmatrix} 2 & 9 \\ 1 & 5 \end{bmatrix}$ e $B = \begin{bmatrix} 5 & -9 \\ -1 & 2 \end{bmatrix}$ são matrizes **invertíveis**. Como veremos a seguir, nem toda matriz quadrada tem inversa. As matrizes quadradas que não possuem inversa são chamadas de não invertíveis ou **singulares**.

Exemplo

Vamos tentar encontrar a inversa da matriz $A = \begin{pmatrix} 1 & 0 \\ 1 & 0 \end{pmatrix}$. Precisamos então determinar uma matriz $B = \begin{pmatrix} x & y \\ u & v \end{pmatrix}$ tal que $A \cdot B = I_2$, ou seja:

$$\begin{pmatrix} 1 & 0 \\ 1 & 0 \end{pmatrix} \cdot \begin{pmatrix} x & y \\ u & v \end{pmatrix} = \begin{pmatrix} 1 & 0 \\ 0 & 1 \end{pmatrix} \Rightarrow \begin{pmatrix} x & y \\ x & y \end{pmatrix} = \begin{pmatrix} 1 & 0 \\ 0 & 1 \end{pmatrix}.$$

o que é impossível, pois x teria que ser simultaneamente igual a 0 e a 1 (e, do mesmo modo, y) . Portanto a matriz A não possui inversa.

Veremos, na sequência, que a condição suficiente para que A tenha inversa envolve apenas o cálculo do seu determinante. Além disso, mostraremos técnicas da determinação da inversa de uma matriz A no tópico sobre Sistemas Lineares.

DETERMINANTES

As matrizes quadradas têm um número importante associado a elas, chamado de determinante. É o determinante que define, por exemplo, se a matriz tem ou não inversa. A definição do determinante de uma matriz no caso geral é complicada e, por isso, apresentaremos a definição apenas para matrizes de ordem 2 e 3. O determinante da matriz A será denotado por $\det(A)$ ou $|A|$.

DETERMINANTE DE MATRIZES DE ORDEM 2 - Sendo $A = \begin{bmatrix} a_{11} & a_{12} \\ a_{21} & a_{22} \end{bmatrix}$, teremos:

$$\mathbf{det}(A) = \boldsymbol{a_{11}a_{22} - a_{21}a_{12}}.$$

Vejamos o significado dessa expressão. As matrizes podem ser usadas para representar sistemas lineares. Vamos considerar então um sistema linear de 2 equações e 2 variáveis:

$$\begin{cases} a_{11}x + a_{12}\,y = C_1 \\ a_{21}x + a_{22}\,y = C_2 \end{cases}.$$

A ele podemos associar a matriz dos coeficientes:

$$A = \begin{pmatrix} a_{11} & a_{12} \\ a_{21} & a_{22} \end{pmatrix}.$$

O sistema pode ser escrito na forma de equação matricial:

$$\begin{pmatrix} a_{11} & a_{12} \\ a_{21} & a_{22} \end{pmatrix} \cdot \begin{pmatrix} x \\ y \end{pmatrix} = \begin{pmatrix} C_1 \\ C_2 \end{pmatrix}.$$

Vamos resolver o sistema dado pelo método da adição: multiplicamos a 1ª equação por a_{22}, a 2ª por $(-a_{12})$ e em seguida somamos as equações obtidas,

$$\begin{cases} a_{11}a_{22}x + a_{12}a_{22}\,y = a_{22}C_1 \\ -a_{21}a_{12}\,x - a_{12}a_{22}y = -a_{12}C_2 \end{cases}$$

$$(a_{11}a_{22} - a_{12}a_{21}) \cdot x = a_{22}C_1 - a_{12}C_2 \Rightarrow x = \frac{a_{22}C_1 - a_{12}C_2}{a_{11}a_{22} - a_{12}a_{21}}.$$

Portanto, para que possamos determinar uma única solução x, é necessário e suficiente que o denominador da expressão seja diferente de zero.

$$a_{11}a_{22} - a_{12}a_{21} \neq 0.$$

O determinante da matriz A é definido como essa expressão:

$$\det(A) = a_{11}a_{22} - a_{12}a_{21}.$$

Dessa forma, um sistema linear 2×2 terá solução única se o determinante de sua matriz de coeficientes for diferente de zero. O mesmo raciocínio é válido para a variável y.

Exemplos:

1) Se $A = \begin{pmatrix} 3 & 2 \\ -1 & 5 \end{pmatrix}$, então $\det(A) = 3 \cdot 5 - (-1) \cdot 2 = 15 + 2 = 17$.

Isso significa que qualquer sistema linear 2×2 que tenha A como matriz dos coeficientes terá uma única solução, independentemente da matriz coluna dos termos independentes.

Também podemos indicar o determinante usando barras horizontais. Dessa forma,

$$\begin{vmatrix} 3 & 2 \\ -1 & 5 \end{vmatrix} = det\begin{pmatrix} 3 & 2 \\ -1 & 5 \end{pmatrix}.$$

2) É fácil ver que $\det(I_2) = 1$. (I_2 é a matriz identidade 2×2).

3) Observe que, para todo valor de θ, a matriz seguinte (chamada de matriz de rotação de um ângulo θ) tem determinante:

$$\begin{vmatrix} \cos\theta & -\sin\theta \\ \sin\theta & \cos\theta \end{vmatrix} = (\cos\theta)^2 + (\sin\theta)^2 = 1.$$

DETERMINANTE DE MATRIZES DE ORDEM 3

Para matrizes 3×3, definiremos o determinante por recorrência ao determinante 2×2. Vamos considerar uma matriz 3×3 genérica A:

$$A = \begin{pmatrix} a_{11} & a_{12} & a_{13} \\ a_{21} & a_{22} & a_{23} \\ a_{31} & a_{32} & a_{33} \end{pmatrix}.$$

Para cada elemento da matriz, definimos o menor complementar desse elemento como o determinante da matriz obtida excluindo-se a linha e a coluna do elemento. O menor complementar do elemento a_{ij}, que indicaremos como $|A_{ij}|$, é o determinante da matriz 2×2 que obtemos ao excluirmos a linha i e a coluna j. Por exemplo, o menor complementar do elemento a_{21} é obtido excluindo a 2ª linha e a 1ª coluna:

$$|A_{21}| = \begin{vmatrix} a_{12} & a_{13} \\ a_{32} & a_{33} \end{vmatrix}.$$

Definiremos como cofator ij o resultado da operação $(-1)^{i+j} \cdot |A_{ij}|$.

Escolhida uma fileira (linha ou coluna) da matriz, o determinante é obtido multiplicando cada elemento dessa fileira pelo seu respectivo cofator e, a seguir, somando esses produtos (Teorema de Laplace).

Assim, por exemplo, se usarmos a 2ª linha da matriz para calcular o determinante, obteremos:

$$\det(A) = a_{21} \cdot (-1)^{2+1} \cdot |A_{21}| + a_{22} \cdot (-1)^{2+2} \cdot |A_{22}| + a_{23} \cdot (-1)^{2+3} \cdot |A_{23}|.$$

É possível provar que esse resultado não depende da escolha da fileira. Assim, se escolhermos outra linha ou coluna da matriz, obteremos o mesmo resultado para o determinante. Surpreendente, não?

Exemplo:

Vamos calcular o determinante da matriz $A = \begin{pmatrix} 3 & 2 & 0 \\ 1 & -1 & 1 \\ 0 & 2 & -1 \end{pmatrix}$ usando a expansão por cofatores pela 1ª linha da matriz. Para tanto, precisaremos determinar os menores complementares relativos aos termos a_{11} e a_{12}. O menor complementar referente ao termo a_{13} não é necessário, já que $a_{13} = 0$.

O menor complementar relativo a a_{11} é obtido excluindo-se a 1ª linha e a 1ª coluna:

$$|A_{11}| = (-1)^{1+1} \cdot \begin{vmatrix} -1 & 1 \\ 2 & -1 \end{vmatrix} = (-1)^2 \cdot (1-2) = 1 \cdot (-1) = -1.$$

O menor complementar relativo a a_{12} é obtido excluindo-se a 1ª linha e a 2ª coluna:

$$|A_{12}| = (-1)^{1+2} \cdot \begin{vmatrix} 1 & 1 \\ 0 & -1 \end{vmatrix} = (-1)^3 \cdot (-1) = -1 \cdot (-1) = 1\,.$$

Portanto,

$$\det(A) = 3 \cdot |A_{11}| + 2 \cdot |A_{12}| = 3 \cdot (-1) + 2 \cdot 1 = -3 + 2 = -1\,.$$

Como um exercício e para auxiliar no convencimento de que o valor do determinante independe da escolha da fileira, sugerimos que você calcule $det(A)$ usando a expansão por cofatores pela 2ª coluna.

REGRA DE SARRUS – A regra é um dispositivo prático utilizado para o cálculo dos determinantes das matrizes de ordem 3, sem recorrer aos determinantes de matrizes de 2ª ordem. Considere uma matriz A_3. O determinante pode ser calculado usando os passos seguintes.

1º Passo: Repetir a duas primeiras colunas ao lado da 3ª:

$$\begin{vmatrix} a_{11} & a_{12} & a_{13} \\ a_{21} & a_{22} & a_{23} \\ a_{31} & a_{32} & a_{33} \end{vmatrix} \begin{matrix} a_{11} & a_{12} \\ a_{21} & a_{22} \\ a_{31} & a_{32} \end{matrix}$$

2º Passo: Encontrar a soma do produto dos elementos da diagonal principal com os dois produtos obtidos com os elementos das paralelas a essa diagonal. Vamos chamá-la de "soma 1".

$$S_1 = a_{11}a_{22}a_{33} + a_{12}a_{23}a_{31} + a_{13}a_{21}a_{32}\,.$$

3º Passo: Encontrar a soma do produto dos elementos da diagonal secundária com os dois produtos obtidos com os elementos das paralelas a essa diagonal. Vamos chamá-la de "soma 2".

$$S_2 = a_{31}a_{22}a_{13} + a_{32}a_{23}a_{11} + a_{33}a_{21}a_{12}\,.$$

Teremos:

$$\det(A) = S_1 - S_2\,.$$

PROPRIEDADES

Os determinantes têm diversas propriedades aritméticas que podem ser úteis para simplificação de alguns cálculos. Essas propriedades terão impacto no estudo dos produtos vetorial e misto, como veremos posteriormente. Listaremos a seguir as principais.

Propriedade 1: Se permutarmos duas linhas de uma matriz entre si, ou duas colunas entre si, o determinante ficará multiplicado por (-1).

Assim, por exemplo:

$$\begin{vmatrix} 1 & 2 & 3 \\ 4 & 5 & 6 \\ 7 & 8 & 9 \end{vmatrix} = -\begin{vmatrix} 3 & 2 & 1 \\ 6 & 5 & 4 \\ 9 & 8 & 7 \end{vmatrix},$$

pois trocamos entre si a 1ª e a 3ª coluna.

Propriedade 2: Se uma matriz tiver duas linhas (ou duas colunas) iguais, seu determinante valerá 0.

Por exemplo,

$$\begin{vmatrix} 1 & 2 & 3 \\ 4 & 5 & 6 \\ 1 & 2 & 3 \end{vmatrix} = 0\,.$$

Essa propriedade é uma consequência da anterior. *Pense no porquê...*

Propriedade 3: Mais geralmente, se uma linha da matriz for combinação linear de outras, o determinante será 0. O mesmo vale para colunas.

Por exemplo, na matriz a seguir, a 3ª coluna é combinação linear das duas primeiras (observe que $(Coluna\ 3) = 2 \times (Coluna\ 1) - (Coluna\ 2)$). Portanto, seu determinante vale 0:

$$\begin{vmatrix} 1 & 2 & 0 \\ 4 & 5 & 3 \\ 6 & 2 & 10 \end{vmatrix} = 0\,.$$

Também é válida a recíproca: se o determinante de uma matriz for igual a 0, um dos vetores será combinação linear dos outros. Essa é uma das mais importantes propriedades dos determinantes. Eles indicam se o conjunto de vetores linha (ou vetores coluna) da matriz são ou não linearmente independentes.

Propriedade 4: O determinante não se altera quando se transpõe a matriz, ou seja, $\det(A^T) = \det(A)$.

Como um exemplo dessa propriedade, note que

$$\begin{vmatrix} 2 & 5 \\ 3 & 1 \end{vmatrix} = -13 \ e \ \begin{vmatrix} 2 & 3 \\ 5 & 1 \end{vmatrix} = -13.$$

Propriedade 5: O determinante não se altera quando substituímos uma linha da matriz pela soma da linha original com um múltiplo de outra linha da matriz.

Exemplo:

$$\begin{vmatrix} 1 & 1 & 2 \\ 2 & 3 & 4 \\ 0 & -1 & -2 \end{vmatrix} \xrightarrow{L2-3L1} \begin{vmatrix} 1 & 1 & 2 \\ 2-3 & 3-3 & 4-6 \\ 0 & -1 & -2 \end{vmatrix} = \begin{vmatrix} 1 & 1 & 2 \\ -1 & 0 & -2 \\ 0 & -1 & -2 \end{vmatrix}.$$

Propriedade 6: O determinante de um produto de matrizes quadradas de uma mesma ordem é o produto dos determinantes (Teorema de Binet):

$$\det(A \cdot B) = \det(A) \cdot \det(B).$$

Propriedade 7: Se multiplicarmos uma linha ou coluna de uma matriz por um número real k qualquer não nulo, seu determinante também fica multiplicado por k.

Sendo o determinante $\begin{vmatrix} 2 & -1 & 5 \\ 1 & 2 & 1 \\ 3 & 2 & 4 \end{vmatrix} = -7$, multiplicando a segunda linha por $k = -3$ teremos:

$$\begin{vmatrix} 2 & -1 & 5 \\ -3 & -6 & -3 \\ 3 & 2 & 4 \end{vmatrix} = (-7) \cdot (-3) = 21.$$

Exemplos:

1) Vamos verificar a propriedade 6 para as matrizes $A = \begin{pmatrix} 1 & 2 \\ 3 & 4 \end{pmatrix}$ e $B = \begin{pmatrix} 2 & 0 \\ 1 & 1 \end{pmatrix}$.

Neste caso, $A \cdot B = \begin{pmatrix} 1 & 2 \\ 3 & 4 \end{pmatrix} \cdot \begin{pmatrix} 2 & 0 \\ 1 & 1 \end{pmatrix} = \begin{pmatrix} 4 & 2 \\ 10 & 4 \end{pmatrix} \Rightarrow$.
$\det(A \cdot B) = 16 - 20 = 4$

Como $det(A) = -2$ e $det(B) = 2$, verificamos que $\det(A \cdot B) = \det(A) \cdot \det(B)$.

2) Se X e Y são matrizes quadradas de mesma ordem e se $det(X) = 3$ e $det(X \cdot Y) = -15$, pode-se concluir que $det(Y) = -5$.

3) Verifique se os vetores $\vec{a} = (1,-2,3), \vec{b} = (-3,2,1)$ e $\vec{c} = (15,-14,5)$ são linearmente dependentes (isto é, se um é combinação linear dos demais).

Basta considerar o determinante da matriz formada pelos vetores (em linha, ou coluna):

$$\begin{vmatrix} 1 & -2 & 3 \\ -3 & 2 & 1 \\ 15 & -14 & 5 \end{vmatrix} = 10 - 30 + 126 - (90 - 14 + 30) = 106 - 106 = 0.$$

Portanto, os vetores são linearmente dependentes.

Observação: Note que se A é uma matriz invertível, então $A \cdot A^{-1} = I$. Como $\det(I) = 1$, para qualquer matriz identidade, aplicando a propriedade 6 veremos que:

$$\det(A) \cdot \det(A^{-1}) = 1 \Rightarrow \det(A^{-1}) = \frac{1}{\det(A)}.$$

Então, para que uma matriz A tenha inversa, é necessário que $\det(A) \neq 0$.

Exemplo:

Se A, B e C são matrizes quadradas de mesma ordem, $det(A) = 2$, $det(C) = 5$ e $\det(A^2 \cdot B^{-1} \cdot C^T) = 3$, determine $det(B)$.

Como sabemos, o determinante de um produto é igual ao produto dos determinantes. Por isso:

$$3 = \det(A^2 \cdot B^{-1} \cdot C^T) = (\det A)^2 \cdot \det(B^{-1}) \cdot \det(C^T).$$

Como $\det(C^T) = \det(C)$, temos:

$$2^2 \cdot \det(B^{-1}) \cdot 5 = 3 \Rightarrow 20 \cdot \det(B^{-1}) = 3 \Rightarrow \det(B^{-1}) = \frac{3}{20},$$

e, portanto, $\det(B) = \frac{20}{3}$.

EXERCÍCIOS PROPOSTOS:

1) Sendo $A = \begin{pmatrix} -2 & 1 \\ 3 & 5 \end{pmatrix}$, $B = \begin{pmatrix} 3 & 0 \\ 1 & 1 \end{pmatrix}$ e $C = \begin{pmatrix} 1 & -1 \\ -2 & 3 \end{pmatrix}$, determine:

a) $A + B$
b) $B - C$
c) $A^T - 4A$
d) $3B - A + 4I_2$
e) $A \cdot B$
f) $B \cdot A$
g) $A \cdot C + B \cdot C$
h) $C \cdot A + B \cdot C$
i) $B^T \cdot (C - A)$
j) $A \cdot B \cdot C$
k) $B^2 \cdot C^2$

l) Uma matriz X tal que $3(X - A) + 4B - 3C = 4(X - C) + 3(B - A)$.

2)Sendo k um número real fixado, descreva geometricamente o efeito produzido ao multiplicarmos pela esquerda um vetor coluna $\vec{v}$ em $\mathbb{R}^2$ pela matriz quadrada 2×2 $P = k \cdot I_2$.

3) Sendo $Q = \begin{pmatrix} 1 & 3 \\ 3 & 1 \end{pmatrix}$, determine todas as matrizes quadradas P, de 2ª ordem, que comutam com Q, isto é, tais que $P \cdot Q = Q \cdot P$.

4) O serviço secreto de inteligência de um país distante troca mensagens sempre codificadas. A pré-codificação é feita substituindo-se cada letra pelo número de sua posição no alfabeto. Assim, a letra A é substituída por 1 e a letra D por 4 (desconsidere k, w e y). Com esses números, forma-se uma matriz. Por exemplo, a palavra BOCA corresponde à matriz $\begin{pmatrix} 2 & 14 \\ 3 & 1 \end{pmatrix}$. Mensagens de 4 letras geram matrizes 2×2 que são codificadas multiplicando-se a matriz pré-codificada à direita pela matriz chave de codificação $\Omega = \begin{pmatrix} 1 & -2 \\ -1 & 1 \end{pmatrix}$. Um agente secreto desse serviço recebeu a mensagem codificada dada pela matriz $\Pi = \begin{pmatrix} -14 & 8 \\ 9 & -19 \end{pmatrix}$. Decodifique essa mensagem.

5) Se $D = \begin{pmatrix} 1 & 1 \\ 0 & 1 \end{pmatrix}$, qual é a matriz D^{2014}?

6) Calcule o determinante de cada matriz abaixo:

a) $A = \begin{pmatrix} 3 & 4 \\ 1 & 6 \end{pmatrix}$

b) $B = \begin{pmatrix} -2 & -1 \\ 3 & \frac{1}{2} \end{pmatrix}$

c) $C = \begin{pmatrix} 2 & 3 & 3 \\ 1 & 0 & 2 \\ 0 & 9 & -3 \end{pmatrix}$

d) $D = \begin{pmatrix} 1 & -1 & -2 \\ 3 & 2 & 2 \\ 5 & 0 & 1 \end{pmatrix}$

7) Se A é uma matriz quadrada de ordem 2, invertível, e $A^3 - 7A^2 = 0$, em que 0 representa a matriz quadrada com todas as entradas nulas, qual o $\det(A)$?

8) Mostre que, se P é uma matriz invertível, B é uma matriz de mesma ordem e $A = P^{-1} \cdot B \cdot P$, então $\det(A) = \det(B)$.

9) Uma matriz quadrada A é chamada de idempotente se $A^2 = A$.

a) Mostre que a matriz $B = \begin{pmatrix} 2 & -2 & -4 \\ -1 & 3 & 4 \\ 1 & -2 & -3 \end{pmatrix}$ é idempotente.

b) Quais os possíveis valores do determinante de uma matriz idempotente? Justifique.

10) (UFMT) Uma empresa fabrica três produtos. Suas despesas de produção estão divididas em três categorias (Tabela I). Em cada uma dessas categorias, faz-se uma estimativa do custo de produção de um único exemplar de cada produto. Faz-se, também, uma estimativa da quantidade de cada produto a ser fabricado por estação (Tabela II).

Tabela I

Custo de Produção por Item (em dólares)			
Categorias	Produto		
	A	B	C
Matéria-prima	0,10	0,30	0,15
Pessoal	0,30	0,40	0,25
Despesas gerais	0,10	0,20	0,15

Tabela II

Quantidade produzida por estação				
Produto	Estação			
	Verão	Outono	Inverno	Primavera
A	4000	4500	4500	4000
B	2000	2600	2400	2200
C	5800	6200	6000	6000

As tabelas I e II podem ser representadas, respectivamente, pelas matrizes

$$M = \begin{pmatrix} 0{,}10 & 0{,}30 & 0{,}15 \\ 0{,}30 & 0{,}40 & 0{,}25 \\ 0{,}10 & 0{,}20 & 0{,}15 \end{pmatrix} \ e\ P = \begin{pmatrix} 4000 & 4500 & 4500 & 4000 \\ 2000 & 2600 & 2400 & 2200 \\ 5800 & 6200 & 6000 & 6000 \end{pmatrix}.$$

A empresa apresenta a seus acionistas uma única tabela mostrando o custo total por estação de cada uma das três categorias: matéria-prima, pessoal e despesas gerais. A partir das informações dadas, julgue os itens.

( ) A tabela apresentada pela empresa a seus acionistas é representada pela matriz MP de ordem 3×4.
( ) Os elementos na primeira linha de MP representam o custo total de matéria-prima para cada uma das quatro estações.
( ) O custo com despesas gerais para o outono será 2160 dólares.

11) (VUNESP) Foi realizada uma pesquisa, num bairro de determinada cidade, com um grupo de 500 crianças de 3 a 12 anos de idade. Para esse grupo, em função da idade x da criança, concluiu-se que o peso médio $p(x)$, em quilogramas, era dado pelo determinante da matriz A, em que:

$$A = \begin{pmatrix} 1 & -1 & 1 \\ 3 & 0 & -x \\ 0 & 2 & \frac{2}{3} \end{pmatrix}.$$

Com base na fórmula $p(x) = detA$, determine:

a) o peso médio de uma criança de 5 anos.
b) a idade mais provável de uma criança cujo peso é 30 kg.

12) (VUNESP) Sejam $A = \begin{pmatrix} x-2y & 1 \\ 3x+y & -1 \end{pmatrix}$, $B = \begin{pmatrix} 2 & 1 \\ -1 & -2 \end{pmatrix}$ e $C = \begin{pmatrix} 1 & 3 \\ 3 & -5 \end{pmatrix}$ matrizes reais.

a) Calcule o determinante de A, $det(A)$, em função de x e y, e represente no plano cartesiano os pares ordenados (x, y) que satisfazem a inequação $det(A) \leq det(B)$.

b) Determine x e y reais, de modo que $A + 2B = C$.

13) (UFMA) Seja $A = \begin{pmatrix} \cos\theta & -sen\,\theta \\ sen\,\theta & \cos\theta \end{pmatrix}$ uma matriz 2×2, em que θ é um ângulo tal que $0 < \theta \leq \frac{\pi}{2}$. Dado $X = \begin{pmatrix} x \\ y \end{pmatrix}$, a função $f(X) = A \cdot X$ desloca o ponto (x, y) de um ângulo θ, conforme figura abaixo.

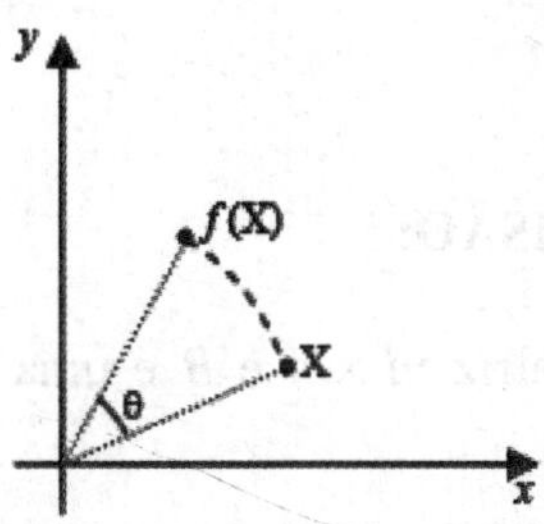

Se o ponto (3,1) é deslocado pela função f para o ponto $(\sqrt{2}, 2\sqrt{2})$, determine o ângulo θ, em radianos.

14) Mostre que, se $A = \begin{bmatrix} m & n \\ p & q \end{bmatrix}$ e $\det(A) \neq 0$, então

$$A^{-1} = \frac{1}{\det(A)} \cdot \begin{bmatrix} q & -n \\ -p & m \end{bmatrix}.$$

15) Determine um exemplo de matriz quadrada $A_{2\times 2}$ tal que $A^2 = O$, em que O representa a matriz nula. Conclua que $A^2 = O \Rightarrow A = O$ não é uma propriedade válida no universo das matrizes.

16) Uma matriz quadrada B tal que $B^T = B^{-1}$, ou seja, cuja inversa é a própria transposta, é chamada de ortogonal. A matriz identidade é um exemplo de matriz ortogonal.

a) Verifique se a matriz $\begin{pmatrix} 2/3 & 2/3 & 1/3 \\ 2/3 & -1/3 & -2/3 \\ 1/3 & -2/3 & 2/3 \end{pmatrix}$ é ortogonal.

b) Determine os valores de $a, b, c \in \mathbb{R}$ para que seja ortogonal a matriz

$$\begin{pmatrix} 1 & 0 & a \\ 0 & \frac{1}{\sqrt{2}} & b \\ 0 & \frac{1}{\sqrt{2}} & c \end{pmatrix}.$$

17) Dadas as matrizes $A = \begin{pmatrix} 1 & 1 \\ 1 & 0 \end{pmatrix}$ e $B = \begin{pmatrix} 2 & 1 \\ 5 & 3 \end{pmatrix}$, determine a matriz C tal que $A + B \cdot C = A^{-1}$.

EXERCÍCIOS DE REVISÃO:

1) (MACK) A é uma matriz $m \times n$ e B é uma matriz $m \times p$. A afirmação falsa é:

a) $A + B$ existe se, e somente se, $n = p$.
b) $A = A^T$ implica $m = n$.
c) $A \cdot B$ existe se, e somente se, $n = p$.
d) $A \cdot B^T$ existe se, e somente se, $n = p$.
e) $A^T \cdot B$ sempre existe.

2) (UEL) Uma das formas de se enviar uma mensagem secreta é por meio de códigos matemáticos, seguindo os passos:

- Tanto o destinatário quanto o remetente possuem uma matriz chave C;
- O destinatário recebe do remetente uma matriz P, tal que $MC = P$, em que M é a matriz mensagem a ser decodificada;
- Cada número da matriz M corresponde a uma letra do alfabeto: $1 = a$, $2 = b, 3 = c, \dots, 23 = z$;
- Consideremos o alfabeto com 23 letras, excluindo as letras k, w e y;
- O número zero corresponde ao ponto de exclamação;
- A mensagem é lida, encontrando a matriz M, fazendo a correspondência número/letra e ordenando as letras por linhas da matriz conforme segue:

$$m_{11}m_{12}m_{13}m_{21}m_{22}m_{23}m_{31}m_{32}m_{33}.$$

Considere as matrizes:

$$C\begin{bmatrix} 1 & 1 & 0 \\ 0 & -1 & 0 \\ 0 & 2 & 1 \end{bmatrix} e \begin{bmatrix} 2 & -10 & 1 \\ 18 & 38 & 17 \\ 19 & 14 & 0 \end{bmatrix}.$$

Com base nos conhecimentos e nas informações descritas, assinale a alternativa que apresenta a mensagem que foi enviada por meio da matriz M.

a) Boasorte!
b) Boaprova!
c) Boatarde!
d) Ajudeme!
e) Socorro!

3) (FUNREI) Sendo A uma matriz quadrada, definimos $A^n = \underbrace{A \cdot A \cdot A \cdot A \cdots A}_{n\ vezes}$. No caso de A ser a matriz $\begin{pmatrix} 0 & 1 \\ 1 & 0 \end{pmatrix}$, é correto afirmar que a soma $A + A^2 + A^3 + A^4 + \dots + A^{39} + A^{40}$ é igual a:

a) $\begin{pmatrix} 20 & 20 \\ 20 & 20 \end{pmatrix}$

b) $\begin{pmatrix} 20 & 0 \\ 0 & 20 \end{pmatrix}$
c) $\begin{pmatrix} 40 & 40 \\ 40 & 40 \end{pmatrix}$
d) $\begin{pmatrix} 0 & 40 \\ 40 & 0 \end{pmatrix}$

4) (FATEC) Seja M a matriz $\begin{pmatrix} 2 & -1 \\ 2 & 5 \end{pmatrix}$ e I a matriz identidade de segunda ordem. Os valores reais de k que anulam o determinante da matriz $M + k \cdot I$ são:

a) um positivo e outro negativo.
b) inteiros e positivos.
c) inteiros e negativos.
d) irracionais e positivos.
e) irracionais e negativos

5) (UNIRIO) Para que a matriz a seguir, seja invertível, é necessário que:

$$\begin{bmatrix} sen\ \theta & cos\ \theta & 1 \\ sen\ \theta & 1 & 0 \\ sen\ \theta & cos\ \theta & 0 \end{bmatrix}$$

a) $\theta \neq \frac{\pi}{4} + 2k\pi$
b) $\theta \neq \frac{\pi}{2} + 2k\pi$
c) $\theta \neq 2k\pi$
d) $\theta \neq k\pi$
e) $\theta \neq \pm\frac{\pi}{2} + 2k\pi$

6) (UFPB) Sendo θ um número real, considere a matriz $M = \begin{pmatrix} \text{sen}\,\theta & -cos\ \theta \\ cos\ \theta & \text{sen}\,\theta \end{pmatrix}$ e as seguintes afirmações:

I. O determinante da matriz M é igual a 1.
II. A matriz M é inversível.
III. A matriz M é igual a sua transposta, para todo valor de θ.

É(são) verdadeira(s) apenas:

a) I
b) II
c) III
d) I e II
e) II e III

7) (UNIFESP) Uma indústria farmacêutica produz, diariamente, p unidades do medicamento X e q unidades do medicamento Y, ao custo unitário de r e s reais, respectivamente. Considere as matrizes

$$M_{1x2} = [2p\ q]\ e\ N_{2x1} = \begin{bmatrix} r \\ 2s \end{bmatrix}.$$

A matriz produto $M \cdot N$ representa o custo da produção de

a) 1 dia.
b) 2 dias.
c) 3 dias.
d) 4 dias.
e) 5 dias.

8) (CESGRANRIO) Cláudio anotou suas médias bimestrais de matemática, português, ciências e estudos sociais em uma tabela com quatro linhas e quatro colunas, formando uma matriz, como mostra a figura. Sabe-se que as notas de todos os bimestres têm o mesmo peso, isto é, para calcular a média anual do aluno em cada matéria, basta fazer a média aritmética de suas médias bimestrais. Para gerar uma nova matriz cujos elementos representem as médias anuais de Cláudio, na mesma ordem da matriz apresentada, bastará multiplicar essa matriz por:

	1ºb	2ºb	3ºb	4ºb
matemática	5,0	4,5	6,2	5,9
português	8,4	6,5	7,1	6,6
ciências	9,0	7,8	6,8	8,6
est. sociais	7,7	5,9	5,6	6,2

a) $\frac{1}{2}$ b) $\begin{bmatrix} \frac{1}{4} & \frac{1}{4} \frac{1}{4} & \frac{1}{4} \end{bmatrix}$ c) $\begin{bmatrix} \frac{1}{2} \\ \frac{1}{2} \\ \frac{1}{2} \\ \frac{1}{2} \end{bmatrix}$ d) $\begin{bmatrix} \frac{1}{4} \\ \frac{1}{4} \\ \frac{1}{4} \\ \frac{1}{4} \end{bmatrix}$

9) (ENADE) As imagens de uma tela plana de televisão digital são representadas por pontos, chamados *pixels*. Os movimentos das imagens correspondem às mudanças desses pontos representados em um sistema cartesiano ortogonal, que, em computação gráfica, são realizadas por operações de matrizes. Uma rotação de α graus de um ponto (x, y), no sentido anti-horário e em torno desse sistema, é feita pela multiplicação da matriz $M_{2\times2}$ dada por $\begin{pmatrix} \cos\alpha & -sen\,\alpha \\ sen\,\alpha & \cos\alpha \end{pmatrix}$ pela matriz coluna $M_{2\times1}$, sendo x a primeira linha e a y a segunda linha, gerando uma matriz coluna que dá a nova posição do ponto (x, y) após a rotação.
Nessa situação, qual a nova posição do ponto $(3, -1)$ após uma rotação de 150° no sentido anti-horário e em torno da origem do sistema cartesiano ortogonal?

a) $\left(\frac{1-3\sqrt{3}}{2}, \frac{3+\sqrt{3}}{2}\right)$

b) $\left(\frac{-3+\sqrt{3}}{2}, \frac{1+3\sqrt{3}}{2}\right)$

c) $\left(\frac{1+3\sqrt{3}}{2}, \frac{3-\sqrt{3}}{2}\right)$

d) $\left(\frac{-1-3\sqrt{3}}{2}, \frac{-3+\sqrt{3}}{2}\right)$

e) $\left(\frac{3+\sqrt{3}}{2}, \frac{-1+3\sqrt{3}}{2}\right)$

CAPÍTULO 6 – PRODUTOS ENTRE VETORES EM $\mathbb{R}^2$ e $\mathbb{R}^3$

Objetivos Principais: Ao final deste tópico, você deverá ser capaz de calcular o produto escalar entre vetores no plano e no espaço; identificar se dois vetores são ortogonais; calcular o ângulo entre dois vetores; interpretar geometricamente o produto escalar; calcular o produto vetorial entre dois vetores e interpretar a direção, o sentido e o módulo do produto vetorial; usar o produto vetorial para cálculo de áreas; calcular o produto misto de três vetores e interpretar geometricamente o resultado; usar o produto misto para determinar se três vetores ou quatro pontos dados são coplanares; usar o produto misto para determinar volumes; aplicar corretamente as propriedades geométricas e algébricas dos produtos; resolver situações-problema que envolvam os produtos;

PRODUTO ESCALAR (OU PRODUTO INTERNO)

DEFINIÇÃO GEOMÉTRICA – Sendo $\vec{v}$ e $\vec{u}$ vetores de $\mathbb{R}^2$ ou $\mathbb{R}^3$, definimos a operação Produto Escalar entre $\vec{v}$ e $\vec{u}$ (e denotamos $\vec{v} \cdot \vec{u}$ ou $< \vec{v}, \vec{u} >$) como sendo:

$$\vec{v} \cdot \vec{u} = \|\vec{v}\| \|\vec{u}\| \cos \theta,$$

sendo θ o ângulo entre os vetores, com $0° \leq \theta \leq 180°$.

Exemplo:

Se A, B e C são vértices consecutivos de um triângulo equilátero de lado medindo 2, determine o produto escalar $\overrightarrow{AB} \cdot \overrightarrow{AC}$.

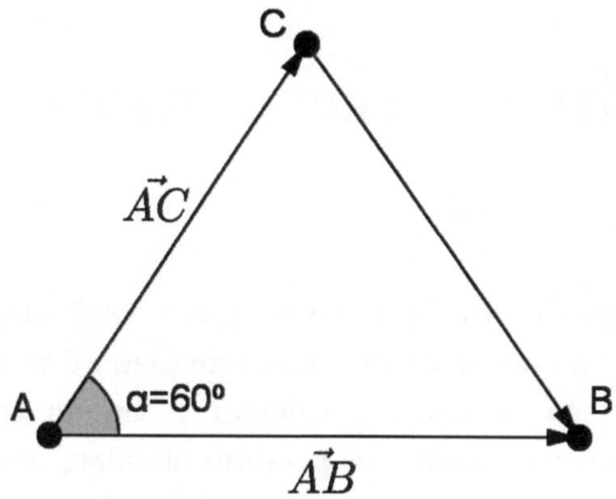

Figura 1: Exemplo de produto escalar

Nesse caso, temos $|\overrightarrow{AB}| = |\overrightarrow{AC}| = 2$ e $\cos(\alpha) = \cos(60°) = \frac{1}{2}$. Portanto,

$$\overrightarrow{AB} \cdot \overrightarrow{AC} = 2 \cdot 2 \cdot \frac{1}{2} = 2.$$

DEFINIÇÃO ALGÉBRICA – Como, em geral, os vetores são expressos na forma analítica, seria útil uma formulação para o Produto Escalar que não dependesse da determinação do ângulo entre os vetores.

Observe a figura:

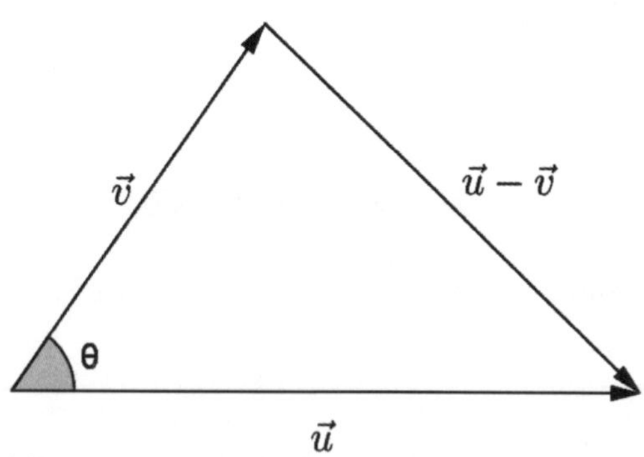

Figura 60: Produto escalar

Sendo $\vec{v} = (x_1, y_1, z_1)$ e $\vec{u} = (x_2, y_2, z_2)$, pela Lei dos Cossenos, temos que:

$$\|\vec{u} - \vec{v}\|^2 = \|\vec{u}\|^2 + \|\vec{v}\|^2 - 2. \|\vec{u}\|. \|\vec{v}\| \cos\theta.$$

Logo,

$$\cos\theta = \frac{\|\vec{u}\|^2 + \|\vec{v}\|^2 - \|\vec{u} - \vec{v}\|^2}{2. \|\vec{u}\|. \|\vec{v}\|}.$$

Substituindo na definição geométrica:

$$\vec{v} \cdot \vec{u} = \|\vec{v}\|\|\vec{u}\| \frac{\|\vec{u}\|^2 + \|\vec{v}\|^2 - \|\vec{u} - \vec{v}\|^2}{2. \|\vec{u}\|. \|\vec{v}\|} = \frac{1}{2}(\|\vec{u}\|^2 + \|\vec{v}\|^2 - \|\vec{u} - \vec{v}\|^2),$$

ou seja,

$$\vec{v} \cdot \vec{u} = \frac{1}{2}({x_1}^2 + {y_1}^2 + {z_1}^2 + {x_2}^2 + {y_2}^2 + {z_2}^2 - (x_2 - x_1)^2 - (y_2 - y_1)^2 - (z_2 - z_1)^2).$$

Efetuando os produtos notáveis e realizando os cancelamentos necessários, obteremos:

$$\vec{v} \cdot \vec{u} = \frac{1}{2}(2x_1x_2 + 2y_1y_2 + 2z_1z_2)$$

$$\boldsymbol{\vec{v} \cdot \vec{u} = x_1x_2 + y_1y_2 + z_1z_2},$$

ou seja, o produto escalar pode ser determinado como a soma dos produtos das respectivas coordenadas dos dois vetores.

Exemplo:

Se $\vec{u} = (-1,2,4)$ *e* $\vec{v} = (3,0,5)$, então

$$\vec{u} \cdot \vec{v} = -1 \cdot 3 + 2 \cdot 0 + 4 \cdot 5 = -3 + 20 = 17.$$

Observação: Podemos, analogamente, mostrar que, se $\vec{v} = (x_1, y_1)$ e $\vec{u} = (x_2, y_2)$ são dois vetores nos planos, é válido que $\vec{v} \cdot \vec{u} = x_1x_2 + y_1y_2$. O resultado, na verdade, é válido para qualquer espaço $\mathbb{R}^n$, porém os espaços n-dimensionais não são objeto de estudo do texto.

PROPRIEDADES – Para $\vec{v}$, $\vec{u}$ e $\vec{w}$ vetores em $\mathbb{R}^2$ ou $\mathbb{R}^3$ e $\alpha \in \mathbb{R}$, são válidas as seguintes propriedades:

- $\vec{v} \cdot \vec{u} = \vec{u} \cdot \vec{v}$
- $\vec{u} \cdot (\vec{v} + \vec{w}) = (\vec{u} \cdot \vec{v}) + (\vec{u} \cdot \vec{w})$
- $\alpha(\vec{u} \cdot \vec{v}) = (\alpha\vec{u}) \cdot \vec{v} = \vec{u} \cdot (\alpha\vec{v})$
- $\vec{v} \cdot \vec{v} = \|\vec{v}\|^2$
- $\|\vec{v} \pm \vec{u}\|^2 = \|\vec{v}\|^2 \pm 2\vec{v} \cdot \vec{u} + \|\vec{u}\|^2$

As propriedades são facilmente demonstráveis algebricamente para os vetores no plano e no espaço.

ÂNGULO ENTRE VETORES – Pela definição geométrica, podemos deduzir que é possível determinar o ângulo θ entre dois vetores $\vec{v}$ e $\vec{u}$, dadas suas expressões analíticas, realizando:

$$\boldsymbol{\cos\theta = \frac{\vec{v} \cdot \vec{u}}{\|\vec{v}\|\|\vec{u}\|}}.$$

Como o sinal de $\vec{v} \cdot \vec{u}$ é o mesmo sinal de $\cos\theta$, já que $\|\vec{v}\|\|\vec{u}\| > 0$, então teremos:

- $\theta < 90^o \Rightarrow \vec{v} \cdot \vec{u} > 0, pois\ \cos\theta > 0$
- $\theta > 90^o \Rightarrow \vec{v} \cdot \vec{u} < 0, pois\ \cos\theta < 0$
- $\theta = 90^o \Rightarrow \vec{v} \cdot \vec{u} = 0, pois\ \cos 90^o = 0$

Disso extraímos um importante resultado:

ORTOGONALIDADE – dois vetores $\vec{u}\ e\ \vec{v}$ são ortogonais se, e somente se, seu produto escalar é nulo, ou seja:

$$\boldsymbol{\vec{u} \perp \vec{v} \Leftrightarrow \vec{u} \cdot \vec{v} = 0}.$$

Exemplos:

1) Verifique se os vetores $\vec{a} = (-2,4,1)$ e $\vec{b} = (6,2,4)$ são ortogonais.

Basta verificar se o produto escalar dos vetores é nulo:

$$\vec{a} \cdot \vec{b} = -2 \cdot 6 + 4 \cdot 2 + 1 \cdot 4 = -12 + 8 + 4 = 0\,.$$

Portanto, os vetores são ortogonais.

2) Mostre que em um paralelogramo com lados congruentes as diagonais são perpendiculares.

Vamos considerar um paralelogramo ABCD.

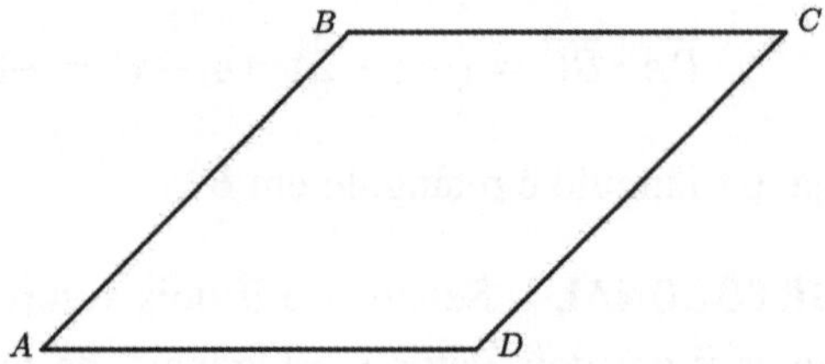

Sabemos que as diagonais são dadas por:

$$\overrightarrow{AC} = \overrightarrow{AB} + \overrightarrow{AD}$$
$$\overrightarrow{DB} = \overrightarrow{AB} - \overrightarrow{AD}$$

Daí:

$$\overrightarrow{AC} \cdot \overrightarrow{DB} = \left(\overrightarrow{AB} + \overrightarrow{AD}\right) \cdot \left(\overrightarrow{AB} - \overrightarrow{AD}\right) = \left|\overrightarrow{AB}\right|^2 - \left|\overrightarrow{AD}\right|^2 = 0,$$

já que estamos supondo que o paralelogramo tem lados congruentes.

3) Encontre todos os vetores em $\mathbb{R}^3$ ortogonais ao vetor $\vec{u} = \vec{\imath} + \vec{\jmath} + \vec{k}$.

Em coordenadas, temos que $\vec{u} = (1,1,1)$. Considerando um vetor genérico $\vec{w} = (a, b, c)$ ortogonal a $\vec{u}$, temos que $\vec{u} \cdot \vec{w} = 0 \Longrightarrow a + b + c = 0 \Longrightarrow c = -a - b$. Assim, todo vetor da forma $\vec{w} = (a, b, -a - b)$ é ortogonal a $\vec{u}$. Observe que os vetores dessa forma podem ser escritos como:

$$\vec{w} = (a, 0, -a) + (0, b, -b) = a \cdot (1,0,-1) + b \cdot (0,1,-1).$$

Assim, os vetores ortogonais a $\vec{u} = (1,1,1)$ são combinações lineares dos vetores $(1,0,-1)$ e $(0,1,-1)$.

4) Mostre, utilizando o produto interno, que o triângulo formado pelos vértices $A(1,3)$, $B(3,5)$ e $C(7,1)$ é retângulo em $\hat{B}$.

Façamos os produtos internos entre os vetores que representam os lados do triângulo que emergem do vértice B. Teremos:

$$\overrightarrow{BA} \cdot \overrightarrow{BC} = (-2,-2) \cdot (4,-4) = -8 + 8 = 0.$$

Ou seja, o triângulo é retângulo em $\hat{B}$.

PROJEÇÃO ORTOGONAL – Sendo $\vec{v}$ e $\vec{u}$ dois vetores não nulos, podemos decompor o vetor $\vec{v}$ em dois vetores ortogonais, de modo que $\vec{v} = \vec{v}_1 + \vec{v}_2$, com $\vec{v}_1 \,//\, \vec{u}$ e $\vec{v}_2 \perp \vec{u}$. O vetor $\vec{v}_1$ é denominado Projeção Ortogonal de $\vec{v}$ em $\vec{u}$, e é denotado por $proj_{\vec{u}}^{\vec{v}}$.

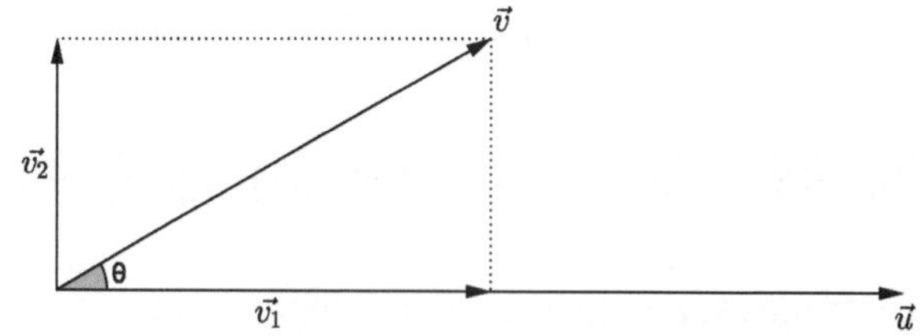

Figura 61: Projeção ortogonal

A projeção de $\vec{v}$ em $\vec{u}$ pode ser determinada por:

$$proj_{\vec{u}}^{\vec{v}} = \left(\frac{\vec{v} \cdot \vec{u}}{\|\vec{u}\|^2}\right)\vec{u}\,.$$

Para verificar o resultado acima, perceba inicialmente que:

$$\vec{v} = \vec{v}_1 + \vec{v}_2 \Rightarrow \vec{v}_2 = \vec{v} - \vec{v}_1.$$

Além disso, temos $\vec{v}_1 = \alpha\vec{u}$. Como $\vec{v}_2 \perp \vec{u}$, então

$$\vec{v}_2 \cdot \vec{u} = 0 \Rightarrow (\vec{v} - \alpha\vec{u}) \cdot \vec{u} = 0 \Rightarrow \vec{v} \cdot \vec{u} \; - \alpha\vec{u} \cdot \vec{u} = 0$$

$$\alpha\|\vec{u}\|^2 = \vec{v} \cdot \vec{u} \Rightarrow \alpha = \frac{\vec{v} \cdot \vec{u}}{\|\vec{u}\|^2}$$

Como $\vec{v}_1 = \alpha\vec{u}$ e sendo $\vec{v}_1 = \left(proj_{\vec{u}}^{\vec{v}}\right)$, substituindo o valor de α, temos:

$$proj_{\vec{u}}^{\vec{v}} = \left(\frac{\vec{v} \cdot \vec{u}}{\|\vec{u}\|^2}\right)\vec{u}.$$

Exemplo:

Determine a projeção ortogonal do vetor $\vec{v} = (1,0,-2)$ sobre o vetor $\vec{u} = (2,1,2)$.

De acordo com o exposto, a projeção solicitada demanda os cálculos do produto interno entre os vetores e a norma de $\vec{u}$:

$$\vec{v} \cdot \vec{u} = 2 + 0 - 4 = -2.$$

$$\|\vec{u}\| = \sqrt{4 + 1 + 4} = 3.$$

Então, temos:

$$proj_{\vec{u}}^{\vec{v}} = \frac{-2}{9}(2,1,2) = \left(\frac{-4}{9}, \frac{-2}{9}, \frac{-4}{9}\right).$$

PRODUTO VETORIAL

DEFINIÇÃO GEOMÉTRICA – Dados dois vetores $\vec{u}$ e $\vec{v}$ em $\mathbb{R}^3$, definimos o produto vetorial $\vec{u} \times \vec{v}$ ou $\vec{u} \wedge \vec{v}$ (leia "u vetorial v") como um terceiro vetor, com as seguintes características:

- NORMA/MÓDULO: $\|\vec{u} \times \vec{v}\| = \|\vec{u}\|\|\vec{v}\|\,\mathbf{sen}\,\boldsymbol{\theta}$, sendo θ o ângulo entre os vetores.

- DIREÇÃO: o vetor $\vec{u} \times \vec{v}$ tem direção perpendicular ao plano definido pelos vetores $\vec{u}$ *e* $\vec{v}$.

- SENTIDO: o sentido de $\vec{u} \times \vec{v}$ é determinado pela regra da mão direita: com os dedos da mão direita estendidos na direção do vetor $\vec{u}$, e a palma da mão voltada de modo que, ao fechar os dedos, esteja na direção do vetor $\vec{v}$, o "dedão" aponta no sentido do vetor $\vec{u} \times \vec{v}$. O desenho abaixo ilustra bem a situação.

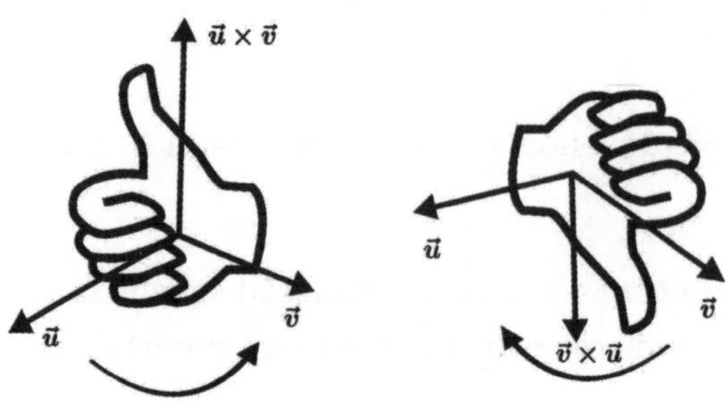

Figura 62: Regra da mão direita

Perceba pela ilustração que o produto $\vec{v} \times \vec{u}$ tem sentido oposto ao produto $\vec{u} \times \vec{v}$, ou seja, o produto vetorial é antissimétrico.

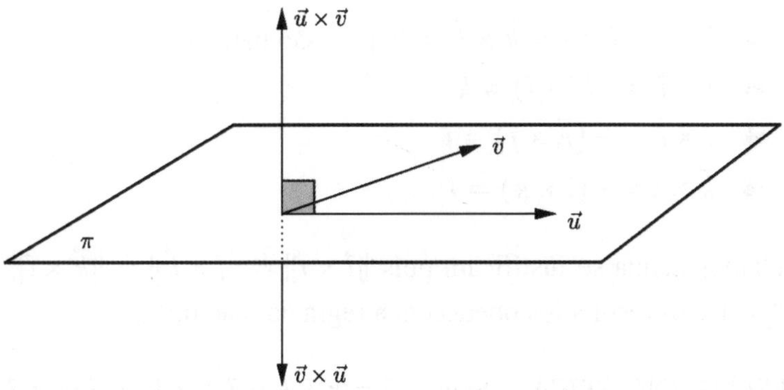

Figura 63: Antissimetria do produto vetorial

DEFINIÇÃO ALGÉBRICA – Analogamente ao que fizemos para o produto escalar, precisamos determinar uma expressão analítica para $\vec{v} \times \vec{u}$ que não dependa do ângulo θ entre os vetores, mas apenas das coordenadas de $\vec{v}$ e $\vec{u}$. Para isso, são necessárias algumas propriedades.

PROPRIEDADES: Sendo $\vec{v}$, $\vec{u}$ e $\vec{w}$ vetores de $\mathbb{R}^3$, podemos provar que:

- $\vec{v} \times \vec{u} = \vec{0}$ se, e somente se, $\vec{v} = \vec{0}$, $\vec{u} = \vec{0}$ ou se $sen\,\theta = 0$. Nesse último caso, $\vec{v} = \alpha\vec{u}$, ou seja, os vetores são múltiplos escalares (paralelos).
- $\vec{v} \cdot (\vec{v} \times \vec{u}) = \vec{u} \cdot (\vec{v} \times \vec{u}) = 0$, já que os vetores são ortogonais entre si.
- $\alpha(\vec{v} \times \vec{u}) = (\alpha\vec{v}) \times \vec{u} = \vec{v} \times (\alpha\vec{u})$, já que:
$$\|\alpha(\vec{v} \times \vec{u})\| = |\alpha|\|\vec{v} \times \vec{u}\| = |\alpha|\|\vec{v}\|\|\vec{u}\|sen\theta = \|(\alpha\vec{v}) \times \vec{u}\| = \|\vec{v} \times (\alpha\vec{u})\|$$
e suas direções (e sentidos) são naturalmente iguais.
- $(\vec{v} + \vec{u}) \times \vec{w} = (\vec{v} \times \vec{w}) + (\vec{u} \times \vec{w})$ e $\vec{v} \times (\vec{u} + \vec{w}) = (\vec{v} \times \vec{u}) + (\vec{v} \times \vec{w})$, ou seja, vale a distributividade do produto vetorial pela soma (pela direita/esquerda).

PRODUTOS VETORIAIS NA BASE CANÔNICA – Sendo $\vec{i}, \vec{j}$ *e* $\vec{k}$ os vetores da base canônica, temos:

- $\vec{i} \times \vec{i} = \vec{j} \times \vec{j} = \vec{k} \times \vec{k} = 0$, pois são paralelos.
- $\vec{i} \times \vec{j} = -(\vec{j} \times \vec{i}) = \vec{k}$
- $\vec{j} \times \vec{k} = -(\vec{k} \times \vec{j}) = \vec{i}$
- $\vec{k} \times \vec{i} = -(\vec{i} \times \vec{k}) = \vec{j}$

Os resultados acima se justificam pois $\|\vec{i} \times \vec{j}\| = \|\vec{j} \times \vec{k}\| = \|\vec{k} \times \vec{i}\| = 1 \cdot 1 \cdot sen 90° = 1$ e os resultados obedecem à regra da mão direita.

EXPRESSÃO ANALÍTICA – Sendo $\vec{v} = x_1\vec{i} + y_1\vec{j} + z_1\vec{k}$ e $\vec{u} = x_2\vec{i} + y_2\vec{j} + z_2\vec{k}$ as expressões cartesianas de $\vec{v}$ e $\vec{u} \in \mathbb{R}^3$, pelas propriedades já mostradas, temos:

$$\begin{aligned}\vec{v} \times \vec{u} &= \left(x_1\vec{i} + y_1\vec{j} + z_1\vec{k}\right) \times \left(x_2\vec{i} + y_2\vec{j} + z_2\vec{k}\right)\\ &= x_1x_2(\vec{i} \times \vec{i}) + x_1y_2(\vec{i} \times \vec{j}) + x_1z_2(\vec{i} \times \vec{k}) + y_1x_2(\vec{j} \times \vec{i})\\ &+ y_1y_2(\vec{j} \times \vec{j}) + y_1z_2(\vec{j} \times \vec{k}) + z_1x_2(\vec{k} \times \vec{i}) + z_1y_2(\vec{k} \times \vec{j})\\ &+ z_1z_2(\vec{k} \times \vec{k})\end{aligned}$$

$$\begin{aligned}\vec{v} \times \vec{u} &= (x_1y_2 - y_1x_2)(\vec{i} \times \vec{j}) - (x_1z_2 - z_1x_2)(\vec{k} \times \vec{i})\\ &+ (y_1z_2 - z_1y_2)(\vec{j} \times \vec{k})\end{aligned}$$

$$\vec{v} \times \vec{u} = \begin{vmatrix} y_1 & z_1 \\ y_2 & z_2 \end{vmatrix}\vec{i} - \begin{vmatrix} x_1 & z_1 \\ x_2 & z_2 \end{vmatrix}\vec{j} + \begin{vmatrix} x_1 & y_1 \\ x_2 & y_2 \end{vmatrix}\vec{k},$$

ou, na forma cartesiana,

$$\vec{\boldsymbol{v}} \times \vec{\boldsymbol{u}} = \left(\begin{vmatrix} \boldsymbol{y_1} & \boldsymbol{z_1} \\ \boldsymbol{y_2} & \boldsymbol{z_2} \end{vmatrix}, -\begin{vmatrix} \boldsymbol{x_1} & \boldsymbol{z_1} \\ \boldsymbol{x_2} & \boldsymbol{z_2} \end{vmatrix}, \begin{vmatrix} \boldsymbol{x_1} & \boldsymbol{y_1} \\ \boldsymbol{x_2} & \boldsymbol{y_2} \end{vmatrix}\right).$$

Desconsiderando o fato de que $\vec{i}, \vec{j}$ e $\vec{k}$ são vetores (e não escalares), para facilitar a memorização, podemos dizer que:

$$\vec{v} \times \vec{u} = \begin{vmatrix} \vec{i} & \vec{j} & \vec{k} \\ x_1 & y_1 & z_1 \\ x_2 & y_2 & z_2 \end{vmatrix}$$

INTERPRETAÇÃO GEOMÉTRICA – Sejam $\vec{v}$ e $\vec{u} \in \mathbb{R}^3$ dois vetores não nulos e não paralelos. A soma $\vec{v} + \vec{u}$ determina um paralelogramo, de modo que:

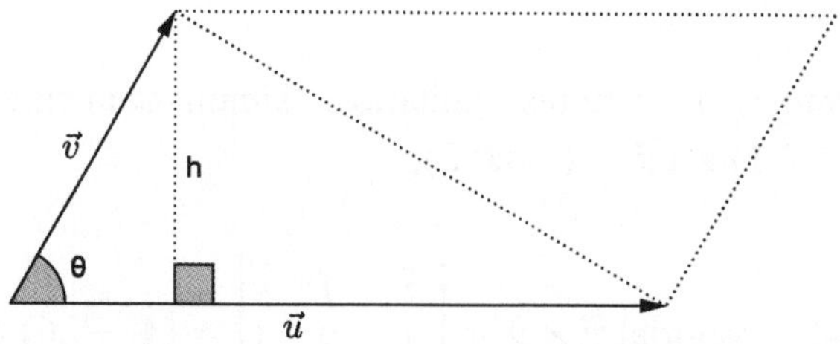

Figura 64: Interpretação geométrica do módulo do produto vetorial

$$\|\vec{v} \times \vec{u}\| = \|\vec{v}\|\|\vec{u}\| \operatorname{sen} \theta$$

Pelo desenho acima, vemos que:

$$sen\theta = \frac{h}{\|\vec{v}\|}.$$

Substituindo na expressão geométrica do produto vetorial:

$$\|\vec{v} \times \vec{u}\| = \|\vec{v}\|\|\vec{u}\| \frac{\mathrm{h}}{\|\vec{v}\|} = h\|\vec{u}\| = ÁREA_{PARALELOGRAMO}$$

Como a área do triângulo determinado por $\vec{v}$, $\vec{u}$ e $\vec{v} - \vec{u}$ é metade da área do paralelogramo, teremos:

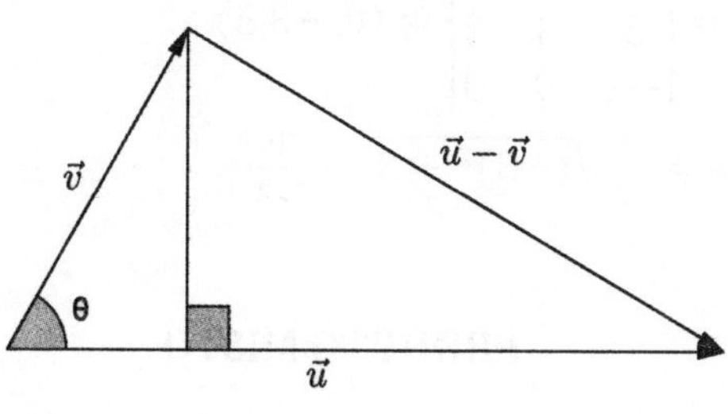

Figura 65: Área do triângulo gerado por vetores

$$ÁREA_{TRIÂNGULO} = \frac{\|\vec{v} \times \vec{u}\|}{2}.$$

Exemplos:

1) Determine os vetores unitários, simultaneamente ortogonais a $\vec{u} = (1,2,1)$ e a $\vec{v} = (-3,0,2)$.

O produto vetorial $\vec{u} \times \vec{v} = \begin{vmatrix} \vec{i} & \vec{j} & \vec{k} \\ 1 & 2 & 1 \\ -3 & 0 & 2 \end{vmatrix} = (4,-5,6)$ é simultaneamente ortogonal a $\vec{u}$ e $\vec{v}$, assim, como todo múltiplo de $(4,-5,6)$, também o será. Como $|\vec{u} \times \vec{v}| = \sqrt{4^2 + (-5)^2 + 6^2} = \sqrt{77}$, $\vec{w} = \frac{\vec{u}\times\vec{v}}{\|\vec{u}\times\vec{v}\|} = \frac{1}{\sqrt{77}} \cdot (4,-5,6)$ e $-\vec{w}$ são os dois únicos vetores unitários ortogonais a $\vec{u}$ e $\vec{v}$.

2) Calcule a área do triângulo de vértices $A(1,2,3), B(4,5,6)\ e\ C(0,2,3)$.

O triângulo é gerado pelos vetores $\overrightarrow{AB} = (3,3,3)$ e $\overrightarrow{AC} = (-1,0,0)$. Portanto, sua área pode ser dada por

$$A = \frac{\|\overrightarrow{AB} \times \overrightarrow{AC}\|}{2}.$$

$$\overrightarrow{AB} \times \overrightarrow{AC} = \begin{vmatrix} \vec{i} & \vec{j} & \vec{k} \\ 3 & 3 & 3 \\ -1 & 0 & 0 \end{vmatrix} = (0,-3,3).$$

Portanto, $A = \frac{1}{2}\sqrt{(-3)^2 + 3^2} = \frac{3\sqrt{2}}{2}$.

PRODUTO MISTO

DEFINIÇÃO – Sendo $\vec{u} = (x_1, y_1, z_1)$, $\vec{v} = (x_2, y_2, z_2)$ e $\vec{w} = (x_3, y_3, z_3)$ as expressões analíticas de $\vec{u}$, $\vec{v}$, $e\ \vec{w} \in \mathbb{R}^3$, definimos o produto misto de $\vec{u}$,

$\vec{v}$ *e* $\vec{w}$, nessa ordem, ao resultado da operação $\vec{u} \cdot (\vec{v} \times \vec{w})$, tembém indicada por $[\vec{u}, \vec{v}, \vec{w}]$.

Pelas definições de produto escalar e vetorial, temos:

$$\vec{u} \cdot (\vec{v} \times \vec{w}) = (x_1, y_1, z_1) \cdot \left(\begin{vmatrix} y_2 & z_2 \\ y_3 & z_3 \end{vmatrix}, - \begin{vmatrix} x_2 & z_2 \\ x_3 & z_3 \end{vmatrix}, \begin{vmatrix} x_2 & y_2 \\ x_3 & y_3 \end{vmatrix} \right)$$

$$\vec{u} \cdot (\vec{v} \times \vec{w}) = x_1 \begin{vmatrix} y_2 & z_2 \\ y_3 & z_3 \end{vmatrix} - y_1 \begin{vmatrix} x_2 & z_2 \\ x_3 & z_3 \end{vmatrix} + z_1 \begin{vmatrix} x_2 & y_2 \\ x_3 & y_3 \end{vmatrix}.$$

Pelo Teorema de Laplace aplicado à primeira linha, concluímos que:

$$[\vec{u}, \vec{v}, \vec{w}] = \vec{u} \cdot (\vec{v} \times \vec{w}) = \begin{vmatrix} x_1 & y_1 & z_1 \\ x_2 & y_2 & z_2 \\ x_3 & y_3 & z_3 \end{vmatrix}.$$

Exemplos:

1) Se $\vec{u} = (1,2,3)$, $\vec{v} = (0,4,1)$ então $[\vec{u}, \vec{v}, \vec{j}] = \vec{u} \cdot (\vec{v} \times \vec{j}) = \begin{vmatrix} 1 & 2 & 3 \\ 0 & 4 & 1 \\ 0 & 1 & 0 \end{vmatrix} = -1$.

2) Se $\vec{u} = (-2,1,2)$, $\vec{v} = (3,2,1)$ e $\vec{w} = 2\vec{u} + \vec{v}$ então

$$[\vec{u}, \vec{v}, \vec{w}] = \begin{vmatrix} -2 & 1 & 2 \\ 3 & 2 & 1 \\ -1 & 4 & 5 \end{vmatrix} = 0.$$

No exemplo anterior, vimos que $[\vec{u}, \vec{v}, 2\vec{u} + \vec{v}] = 0$. Isso não foi uma coincidência. Se um dos vetores $\vec{u}, \vec{v}, \vec{w}$ for uma combinação linear dos outros, o produto misto dará 0. De fato, se $\vec{u} = a\vec{v} + b\vec{w}$, então:

$$\vec{u} \cdot (\vec{v} \times \vec{w}) = (a\vec{v} + b\vec{w}) \cdot (\vec{v} \times \vec{w}) = a\vec{v} \cdot (\vec{v} \times \vec{w}) + b\vec{w} \cdot (\vec{v} \times \vec{w}) = 0,$$

pois $\vec{v} \times \vec{w}$ é ortogonal a $\vec{u}$ e a $\vec{v}$. Se $\vec{v} = a\vec{u} + b\vec{w}$, então:

$$\vec{u}\cdot(\vec{v}\times\vec{w}) = \vec{u}\cdot[(a\vec{u}+b\vec{w})\times\vec{w}] = \vec{u}\cdot(a\vec{u}\times\vec{w}+ b\vec{w}\times\vec{w})$$
$$= \vec{u}\cdot\left(a\vec{u}\times\vec{w}+\vec{0}\right) = \vec{u}\cdot(a\vec{u}\times\vec{w}) = 0\,.$$

Analogamente, se $\vec{w} = a\vec{u} + b\vec{v}$.

Além disso, também é válida a recíproca, ou seja, se $[\vec{u},\vec{v},\vec{w}\,] = 0$ então um dos vetores é combinação linear dos demais. De fato, se $\vec{u}\cdot(\vec{v}\times\vec{w}) = 0$ então $\vec{u}$ é ortogonal a $\vec{v}\times\vec{w}$, que, por sua vez, já é ortogonal a $\vec{v}$ e a $\vec{w}$. Portanto, os vetores $\vec{u},\vec{v},\vec{w}$ estão num mesmo plano e um deles é combinação linear dos outros dois.

Assim, o produto misto de três vetores ser nulo é um critério para que um deles seja combinação linear dos outros.

Podemos também utilizar o produto misto para verificar se 4 pontos dados pertencem a um mesmo plano (ou seja, se são **coplanares**). Se A, B, C e D são coplanares, então os vetores $\overrightarrow{AB}$, $\overrightarrow{AC}$ e $\overrightarrow{AD}$ são paralelos ao plano e, neste caso $\left[\overrightarrow{AB},\overrightarrow{AC},\overrightarrow{AD}\right] = 0$ e, reciprocamente, se $\left[\overrightarrow{AB},\overrightarrow{AC},\overrightarrow{AD}\right] = 0$ então um desses vetores é combinação linear dos outros, o que significa que os três vetores são paralelos ao mesmo plano e, portanto, os 4 pontos têm que ser coplanares.

Exemplo:

Verifique se os pontos $P(1,2,-2), Q(0,1,3), R(-1,1,5)\ e\ S(3,-2,6)$ são coplanares.

Conforme explicado, vamos fazer o produto misto:

$$\left[\overrightarrow{PQ},\overrightarrow{PR},\overrightarrow{PS}\right] = \begin{vmatrix} -1 & -1 & 5 \\ -2 & -1 & 7 \\ 2 & -4 & 8 \end{vmatrix} = 0.$$

Concluímos que os pontos *P*, *Q*, *R* e *S* são coplanares.

PROPRIEDADES – As propriedades principais do produto misto são consequências diretas das propriedades dos determinantes:

- O produto misto troca de sinal ao trocarmos a posição de duas linhas:

$$[\vec{v},\vec{u},\vec{w}] = -[\vec{u},\vec{v},\vec{w}] = -[\vec{w},\vec{u},\vec{v}] = -[\vec{v},\vec{w},\vec{u}]$$

Segue então que $\vec{v}\cdot(\vec{u}\times\vec{w}) = (\vec{v}\times\vec{u})\cdot\vec{w}$

- $[\alpha\vec{v},\vec{u},\vec{w}] = [\vec{v},\alpha\vec{u},\vec{w}] = [\vec{v},\vec{u},\alpha\vec{w}] = \alpha[\vec{v},\vec{u},\vec{w}]$

INTERPRETAÇÃO GEOMÉTRICA – Sendo $\vec{v},\ \vec{u}\ e\ \vec{w} \in \mathbb{R}^3$ vetores não coplanares (isto é, paralelos a um mesmo plano), teremos:

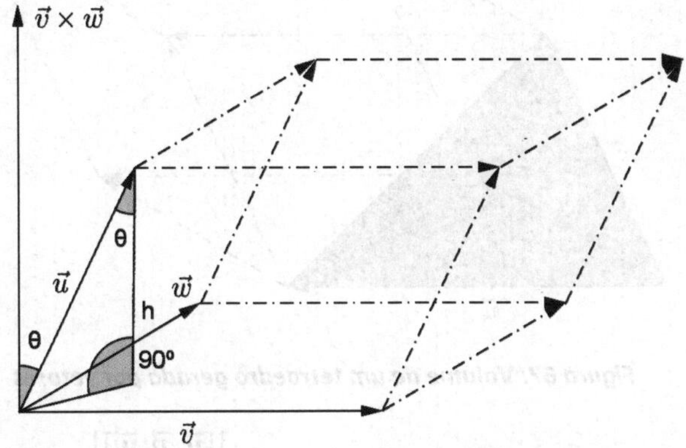

Figura 66: Interpretação geométrica do módulo do produto misto

$$\|\vec{v}\times\vec{w}\| = ÁREA_{PARALELOGRAMO}$$

Sendo θ o ângulo formado entre os vetores $\vec{v}\times\vec{w}$ e $\vec{u}$, (com $\theta \neq 90°$), então:

$$|\cos\theta| = \frac{h}{\|\vec{u}\|} \Rightarrow h = \|\vec{u}\||cos\theta|$$

O volume do paralelepípedo formado por $\vec{v},\vec{u}\ e\ \vec{w}$ será então:

$$VOLUME_{PARALELEPÍPEDO} = ÁREA_{PARALELOGRAMO}.\, h$$

$$VOLUME_{PARALELEPÍPEDO} = \|\vec{v}\times\vec{w}\|\|\vec{u}\||cos\theta|$$

$$VOLUME_{PARALELEPÍPEDO} = \|\vec{u}\|\|\vec{v}\times\vec{w}\||cos\theta|$$

$$VOLUME_{PARALELEPÍPEDO} = |\vec{v} \cdot (\vec{u} \times \vec{w})|$$

ou, na notação mais simplificada,

$$\boldsymbol{VOLUME_{PARALELEPÍPEDO} = |[\vec{v}, \vec{u}, \vec{w}]|}.$$

Como todo paralelepípedo pode ser decomposto em 6 tetraedros idênticos (como na figura abaixo), teremos:

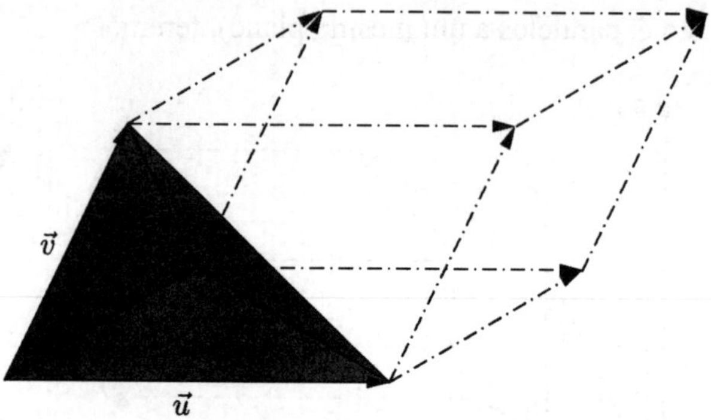

Figura 67: Volume de um tetraedro gerado por vetores

$$\boldsymbol{VOLUME_{TETRAEDRO} = \frac{|[\vec{u}, \vec{v}, \vec{w}]|}{6}}.$$

Isso significa que o produto misto permite o cálculo do volume "confinado" por 4 pontos no espaço.

Exemplo:

Calcule o volume do tetraedro gerado pelos vetores $\vec{u} = (1,1,1)$, $\vec{v} = (3,0,2)$ e $\vec{w} = (0,1,4)$.

$$VOLUME_{TETRAEDRO} = \frac{|[\vec{u}, \vec{v}, \vec{w}]|}{6}.$$

$$[\vec{u}, \vec{v}, \vec{w}] = \begin{vmatrix} 1 & 1 & 1 \\ 3 & 0 & 2 \\ 0 & 1 & 4 \end{vmatrix} = -14 \Rightarrow VOLUME_{TETRAEDRO} = \frac{14}{6} = \frac{8}{3}.$$

EXERCÍCIOS PROPOSTOS:

1) Se $\vec{u} \cdot \vec{u} = 0$, o que podemos afirmar a respeito do vetor $\vec{u}$?

2) Se $\vec{u} = (-3,2,1)$ e $\vec{v} = (2,0,4)$ determine:

a) $\vec{u} + 3\vec{v}$
b) $|\vec{v} - \vec{u}|$
c) $\vec{u} \cdot (\vec{\imath} + \vec{v})$

3) O que ocorre se fizermos o produto escalar de um vetor em $\mathbb{R}^3$ por $\vec{\imath}$? E por $\vec{\jmath}$ e $\vec{k}$?

4) Encontre todos os vetores em $\mathbb{R}^2$ ortogonais ao vetor $\vec{w} = (-12,5)$.

5) Sendo A, B e C vértices de um triângulo equilátero de lado igual a 1, determine o valor de:

a) $\overrightarrow{AB} \cdot \overrightarrow{AC}$
b) $\overrightarrow{AB} \cdot \overrightarrow{BC}$
c) $(\overrightarrow{AB} + \overrightarrow{BC}) \cdot \overrightarrow{CA}$

6) Sendo $P_1(x_1, y_1)$ e $P_2(x_2, y_2)$ pontos extremos de um diâmetro de uma circunferência e sendo $P(x, y)$ um ponto genérico dessa circunferência, diferente de P_1 e P_2, mostre que:

$$(x - x_1)(x - x_2) + (y - y_1)(y - y_2) = 0.$$

7) O produto escalar tem uma aplicação física. Quando uma força constante $\vec{F}$ é aplicada sobre um corpo promovendo um deslocamento $\vec{D}$, o trabalho realizado pela força é dado por $W = \vec{F} \cdot \vec{D}$. Calcule o trabalho realizado pela resultante das forças $\overrightarrow{F_1} = 3\vec{\imath} + \vec{\jmath}$ e $\overrightarrow{F_2} = -\vec{\imath} + \overrightarrow{3\jmath}$ para deslocar uma partícula de $A(1,2)$ para $B(5,7)$.

8) Mostre que para todo valor de m os vetores $\vec{u} = (m + 1, m, 1)$ e $\vec{v} = (m - 1, -m, -1)$ são ortogonais.

9) Se $\vec{u}$ e $\vec{v}$ são vetores no plano tais que $|\vec{u}| = |\vec{v}| = |\vec{u} + \vec{v}| = 1$, determine o ângulo formado pelos vetores $\vec{u}$ e $\vec{v}$.

10) Determine os vetores unitários, simultaneamente ortogonais a $\vec{u} = (3,2,1)$ e a $\vec{v} = (1,2,3)$.

11) Calcule a área do triângulo de vértices $A(-1,0,2), B(2,3,5)\ e\ C(1,1,1)$.

12) Use o produto vetorial para verificar se os pontos $P(1,2,7), Q(-2,3,9)\ e\ R(7,0,3)$ são colineares.

13) É correto afirmar que $(\vec{u} \times \vec{v}) \times \vec{w} = \vec{u} \times (\vec{v} \times \vec{w})$? Justifique sua resposta.

14) Simplifique a expressão: $(\vec{u} + \vec{v}) \times (\vec{u} - \vec{v})$.

15) Como nossa experiência comprova, o efeito de abrir a porta depende não apenas do módulo da força aplicada, mas também da distância entre o ponto de aplicação da força e o ponto no eixo de rotação da porta, e a dificuldade de abrir a porta se torna maior dependendo do ângulo que nosso braço faz com a maçaneta. Quando uma força é aplicada em algum ponto em um corpo rígido, o corpo tende a executar um movimento de rotação em torno de um eixo. A propriedade de força para girar o corpo é medida com uma quantidade física chamada de **torque**. O torque de uma força $\vec{F}$ em relação ao ponto O, e é definido matematicamente como $\vec{\tau} = \vec{r} \times \vec{F}$, sendo $\vec{r}$ o vetor de O para o ponto P de aplicação da força. Calcule o módulo do torque com relação à origem de uma força $\vec{F} = \vec{\imath} - 4\vec{\jmath}$, em Newtons, que se aplica a um objeto localizado no ponto (2,1,0), com coordenadas em metros, e faça uma figura ilustrando essa situação.

16) Suponha que $\vec{w}$ seja uma combinação linear dos vetores $\vec{u}$ e $\vec{v}$ (lembre-se que isso significa que $\vec{w} = a\vec{u} + b\vec{v}$). Calcule o valor de $\vec{w} \cdot (\vec{u} \times \vec{v})$.

17) Considerando os vetores $\vec{u} = (1,1,2)$, $\vec{v} = (0,1,-1)$ e $\vec{w} = (2,1,3)$, mostre que $(\vec{v} \times \vec{w}) \times \vec{u} = (\vec{u} \cdot \vec{w})\vec{v} - (\vec{u} \cdot \vec{v})\vec{w}$.

Observação: Essa é uma identidade, e vale para quaisquer três vetores!

18) Associe Verdadeiro ou Falso a cada afirmação, justificando suas respostas.

a) Se $\vec{u}$ e $\vec{v}$ são vetores unitários e ortogonais, então $|\vec{u} \times \vec{v}| = 1$.
b) Se $\vec{u} \times \vec{v} = \vec{u} \times \vec{w}$, então $\vec{v} = \vec{w}$.

19) Sabendo que $\vec{v} = \overrightarrow{AB}, A(3,1,-2), |\vec{v}| = \sqrt{5}$, $\vec{v} \times (1,-1,0) = (1,1,-2)$ e que o ângulo entre $\vec{v}$ e $(1,-1,0)$ é obtuso, determine o ponto B.

20) Encontre um vetor $\vec{w}$ ortogonal ao vetor $(3,-2,1)$ e tal que $\vec{w} \times (1,0,1) = (0,1,0)$.

21) Calcule o volume do paralelepípedo gerado pelos vetores $(\vec{\imath} + \vec{\jmath})$, $(\vec{\imath} + \vec{k})$ e $(\vec{\jmath} + \vec{k})$.

22) Verifique, em cada item, se os seguintes vetores são linearmente dependentes (LD) ou independentes (LI):

a) $\vec{u} = (1,-1,3), \vec{v} = (0,1,2)\ e\ \vec{w} = (-1,-2,1)$
b) $\vec{u} = (-1,2,1), \vec{v} = (1,2,3)\ e\ \vec{w} = (-1,1,2)$
c) $\vec{u} = (1,-1,3), \vec{v} = (1,0,3)\ e\ \vec{w} = (1,2,3)$

23) Verifique em cada item se os pontos dados são coplanares:

a) $A(1,2,-2), B(-1,2,3), C(4,5,6), D(-3,0,4)$
b) $E(3,2,1), F(-2,1,2), G(1,-4,0)\ e\ H(0,7,3)$

24) Mostre que para quaisquer vetores $\vec{u}, \vec{v}, \vec{w}$ em $\mathbb{R}^3$, $|[\vec{u}, \vec{v}, \vec{w}]| \leq |\vec{u}| \cdot |\vec{v}| \cdot |\vec{w}|$.

EXERCÍCIOS DE REVISÃO:

1) Sendo P e Q pontos extremos de um diâmetro da circunferência centrada no ponto C e tendo equação $x^2 - 2x + y^2 - 4y = 4$, é CORRETO afirmar que:

a) $\overrightarrow{CP} \cdot \overrightarrow{CQ} = 9$
b) $\overrightarrow{CP} \cdot \overrightarrow{CQ} = 0$
c) $\overrightarrow{CP} \cdot \overrightarrow{CQ} = -9$
d) $\overrightarrow{CP} \cdot \overrightarrow{CQ} = 3$
e) $\overrightarrow{CP} \cdot \overrightarrow{CQ} = -3$

2) (FGV) No plano cartesiano, o triângulo de vértices $A(1, -2)$, $B(m, 4)$ e $C(0,6)$ é retângulo em A. O valor de m é igual a:

a) 47
b) 48
c) 49
d) 50
e) 51

3) Sabendo que os vetores $\vec{u}$ e $\vec{v}$ têm ambos norma igual a 5 e que $\vec{u} \cdot \vec{v} = -25$, é possível afirmar que:

a) $\vec{U} + \vec{V} = \vec{0}$
b) $\vec{U} = \vec{V}$
c) $\vec{U} \perp \vec{V}$
d) $\vec{V} \cdot \vec{U} = 25$

4) Sendo $\vec{u}$ *e* $\vec{v}$ vetores, assinale a opção que contém uma afirmação INCORRETA:

a) $\vec{u} \cdot \vec{v} = \vec{v} \cdot \vec{u}$
b) $\vec{u} \times \vec{v} = \vec{v} \times \vec{u}$
c) $\vec{v} \times \vec{v} = \vec{0}$
d) $(\vec{u} \times \vec{v}) \cdot \vec{v} = 0$

5) É CORRETO afirmar que, para quaisquer vetores $\vec{u}$ e $\vec{v}$:

a) $\vec{u} \cdot \vec{v} \leq |\vec{u}| \cdot |\vec{v}|$
b) $|\vec{u} \cdot \vec{v}| = |\vec{u} \times \vec{v}|$
c) $|\vec{u}| = \vec{u} \cdot \vec{u}$
d) $|\vec{u} \times \vec{v}| \neq |\vec{u}| \cdot |\vec{v}|$

6) É CORRETO afirmar que, em $\mathbb{R}^3$, o conjunto de vetores simultaneamente ortogonais aos vetores $\vec{u} = (0,0,1)$ e $\vec{v} = (1,0,0)$ é:

a) formado por um único vetor.
b) formado por infinitos vetores, todos paralelos uns aos outros.
c) formado por dois vetores não paralelos.
d) vazio.

7) A figura abaixo representa um terreno com formato triangular localizado em um sistema tridimensional de coordenadas cartesianas com uma unidade arbitrária de comprimento u.

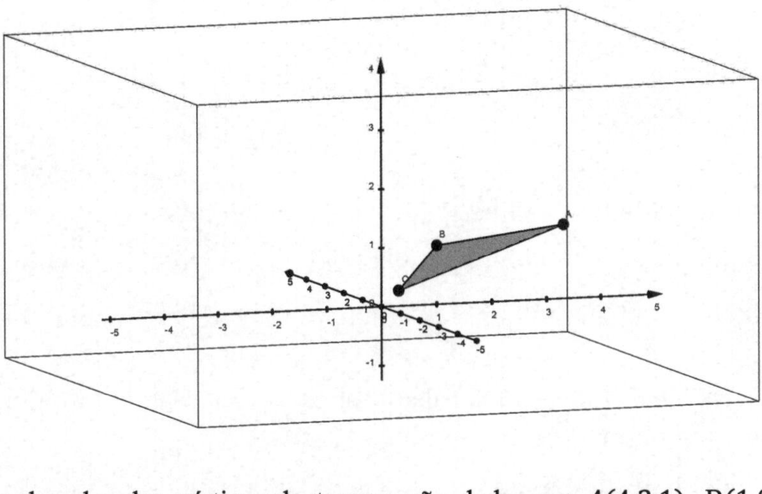

As coordenadas dos vértices do terreno são dadas por $A(4,2,1)$, B(1,0,1) e $C(1,2,0)$. A partir dessas informações, julgue as seguintes asserções:

Podemos afirmar que área desse terreno é de 3,5 u^2

PORQUE

O módulo do produto vetorial entre os vetores $\overrightarrow{AB}$ e $\overrightarrow{AC}$ é de 7 unidades, ou seja,

$$\|\overrightarrow{AB} \times \overrightarrow{AC}\| = 7.$$

Analisando-se essas asserções, conclui-se que:

a) A primeira afirmativa é verdadeira e a segunda é falsa.
b) As duas afirmativas são verdadeiras e a segunda é uma justificativa da primeira.
c) A primeira afirmativa é falsa e a segunda é verdadeira.
d) As duas afirmativas são falsas.
e) As duas afirmativas são verdadeiras, mas a segunda não é uma justificativa da primeira.

CAPÍTULO 7 – RETAS EM $\mathbb{R}^3$

Objetivos Principais: Ao final deste tópico, você deverá ser capaz de identificar equações de reta no espaço; encontrar a equação de uma reta dados alguns de seus elementos conhecidos; resolver situações-problemas que envolvam equação da reta.

Vamos lembrar que, no estudo que fizemos das retas no plano, vimos que uma reta fica definida por um ponto da reta e por sua direção, dada pelo coeficiente angular. A equação reduzida da reta pode ser obtida a partir dessas duas informações. Analogamente, o estudo de uma reta no espaço é feito a partir do conhecimento da sua direção e de um de seus pontos.

EQUAÇÃO VETORIAL – Dado um ponto A e um vetor $\vec{v} \in \mathbb{R}^3$, existe uma única reta r que passa por A e é paralela ao vetor $\vec{v}$. Sendo $A(x_1, y_1, z_1)$ e $P(x, y, z)$ um outro ponto qualquer da reta r, teremos $\overrightarrow{AP} \; // \; \vec{v}$, ou seja,

$$\overrightarrow{AP} = t\vec{v}$$

$$P - A = t\vec{v}$$

$$\boldsymbol{P = A + t\vec{v}.}$$

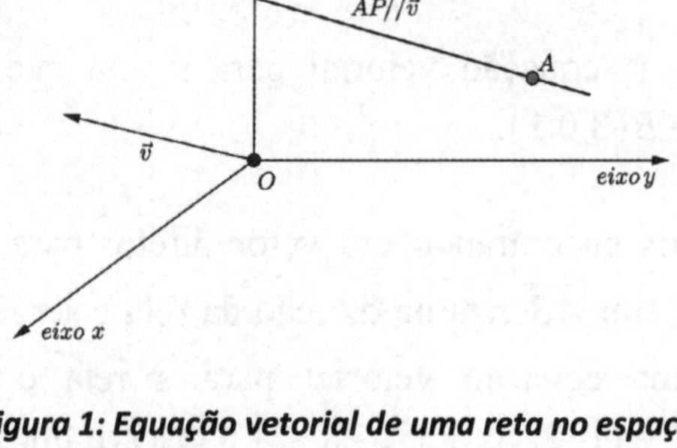

Figura 1: Equação vetorial de uma reta no espaço

Então, $P \in r$ se, e somente se, a equação vetorial acima for satisfeita. Sendo $\vec{v} = (a, b, c)$, teremos, na forma analítica:

$$\boldsymbol{r: (x, y, z) = (x_1, y_1, z_1) + t(a, b, c).}$$

Observações:

- $\vec{v} = (a, b, c)$ é chamado **vetor diretor** da reta *r*.
- Um vetor diretor da reta é qualquer vetor com a direção da reta. Portanto, cada reta possui infinitos vetores diretores, todos paralelos entre si.
- $t \in \mathbb{R}$ é chamado **parâmetro**. Cada valor de *t* corresponde a um ponto da reta. Quando fazemos *t* variar de $-\infty$ a $+\infty$, obtemos toda a reta, com $t = 0$ correspondendo ao ponto A. Podemos pensar como se a reta fosse o resultado de um movimento, ou seja, a trajetória de uma partícula que se desloca a partir do ponto *A* na direção e no sentido do vetor $\vec{v}$ se t > 0 e na direção e sentido contrário de $\vec{v}$ se $t < 0$.

Exemplos:

1) Determine uma equação vetorial para a reta que passa pelo ponto $C(2,0,4)$ na direção do vetor $\vec{v} = (1,2,-1)$.

Basta considerarmos um ponto genérico $P(x, y, z)$ da reta. Como a reta passa pelo ponto $C(2,0,4)$, o vetor $\overrightarrow{CP} = P - C$ é paralelo ao vetor diretor $\vec{v} = (1,2,-1)$. Assim,

$$P - C = t \cdot (1,2,-1) \Rightarrow P = (2,0,4) + t \cdot (1,2,-1).$$

2) Escreva uma equação vetorial para a reta que passa pelos pontos $A(1,2,3)$ e $B(3,0,1)$.

Começamos encontrando um vetor diretor para essa reta. Ora, com certeza o vetor $\overrightarrow{AB}$ está na direção da reta e serve como vetor diretor. Assim, uma equação vetorial para a reta é $P = A + t \cdot \overrightarrow{AB}$ ou *r*: (*x*, *y*, *z*) = (1, 2, 3) + (2, -2, -2). Observe que, se fizermos $t = 0$, obteremos o ponto A e que, se fizermos $t = 1$, obteremos o ponto $P = A + \overrightarrow{AB} = B$.

EQUAÇÕES PARAMÉTRICAS – Desenvolvendo um pouco mais as contas indicadas na equação vetorial da reta, obtemos as equações paramétricas. Da condição de igualdade dos vetores acima, teremos:

$$(x, y, z) = (x_1 + at, y_1 + bt, z_1 + ct),$$

ou seja,

$$\boldsymbol{r}: \begin{cases} \boldsymbol{x = x_1 + at} \\ \boldsymbol{y = y_1 + bt} \\ \boldsymbol{z = z_1 + ct} \end{cases}.$$

As equações acima são as chamadas equações paramétricas da reta r. Novamente, cada valor de t determina um ponto da reta.

Exemplo:

Escreva equações paramétricas para a reta que passa pelos pontos $A(1,2,3)$ e $B(3,0,1)$.

Começamos encontrando as coordenadas do vetor $\overrightarrow{AB}$ e que será usado como vetor diretor da reta (nada impediria que usássemos o vetor $\overrightarrow{BA}$ ou ainda qualquer múltiplo, não nulo, deles):

$$\overrightarrow{AB} = (3 - 1, 0 - 2, 1 - 3) = (2, -2, -2).$$

Assim, uma equação vetorial para a reta é:

$$P = A + t \cdot \overrightarrow{AB}.$$

Ou seja,

$(x, y, z) = (1,2,3) + t \cdot (2, -2, -2) = (1,2,3) + (2t, -2t, -2t) = (1 + 2t, 2 - 2t, 3 - 2t)$.

Assim, as equações paramétricas da reta $\overrightarrow{AB}$ são:

$$\begin{cases} x = 1 + 2t \\ y = 2 - 2t \\ z = 3 - 2t \end{cases}.$$

EQUAÇÕES SIMÉTRICAS – Para que $P \in \mathbb{R}$, o parâmetro t deve ser o mesmo nas três equações. Isolando t nas equações paramétricas, teremos:

$$t = \frac{x - x_1}{a} = \frac{y - y_1}{b} = \frac{z - z_1}{c}$$

Então, $P \in \mathbb{R}$ se, e somente se,

$$\boldsymbol{r}: \frac{\boldsymbol{x - x_1}}{\boldsymbol{a}} = \frac{\boldsymbol{y - y_1}}{\boldsymbol{b}} = \frac{\boldsymbol{z - z_1}}{\boldsymbol{c}}.$$

Exemplo:

Escreva equações simétricas para a reta que passa pelos pontos $A(1,2,3)$ e $B(3,0,1)$.

As equações paramétricas da reta $\overrightarrow{AB}$ são:

$$r: \begin{cases} x = 1 + 2t \\ y = 2 - 2t \\ z = 3 - 2t \end{cases}.$$

Isolando as equações em função de t, teremos

$$r: \frac{x - 1}{2} = \frac{y - 2}{-2} = \frac{z - 3}{-2}.$$

EQUAÇÕES REDUZIDAS – É possível, por meio das equações paramétricas, isolar duas coordenadas em função da terceira.

$$\frac{x - x_1}{a} = \frac{y - y_1}{b} \Rightarrow bx - bx_1 = ay - ay_1 \Rightarrow$$

$$y = \underbrace{\frac{b}{a}}_{constante} \cdot \underbrace{x}_{variável} - \underbrace{\frac{b}{a}x_1 + y_1}_{constante}.$$

Analogamente, teremos

$$z = \underbrace{\frac{c}{a}}_{constante} \cdot \underbrace{x}_{variável} - \underbrace{\frac{c}{a}x_1 + z_1}_{constante}.$$

Assim, as equações reduzidas de $r \in \mathbb{R}^3$ sempre serão da forma:

$$r: \begin{cases} \boldsymbol{y = mx + n} \\ \boldsymbol{z = px + q} \end{cases},$$

com $m, n, p, q \in \mathbb{R}$. Nesse caso, a equação é reduzida na variável x. Podemos fazer o mesmo para as outras variáveis.

Exemplo:

Escreva equações reduzidas para a reta que passa pelos pontos $A(1,2,3)$ e $B(3,0,1)$.

A equação simétrica da reta é

$$r: \frac{x-1}{2} = \frac{y-2}{-2} = \frac{z-3}{-2}.$$

Através da igualdade $\frac{x-1}{2} = \frac{y-2}{-2}$ obtemos $y - 2 = -x + 1 \Rightarrow y = -x + 3$. E pela igualdade $\frac{x-1}{2} = \frac{z-3}{-2}$ obtemos $z - 3 = -x + 1 \Rightarrow z = -x + 4$. Temos

$$r: \begin{cases} y = -x + 3 \\ z = -x + 4 \end{cases}$$

como equação reduzida na variável x para a reta r.

Obs: em todos os exemplos anteriores, utilizamos o vetor $\vec{v} = (2, -2, -2)$como vetor diretor para a reta $\overrightarrow{AB}$. É claro que poderíamos ter optado pelo vetor $\overrightarrow{v'} = (1, -1, -1)$, paralelo à $\vec{v}$.

ÂNGULO ENTRE RETAS – Dadas r_1 *e* r_2 duas retas no espaço, com vetores diretores $\vec{v}_1$ e $\vec{v}_2$, o ângulo entre as retas é definido como o ângulo agudo formado pelos vetores diretores das retas:

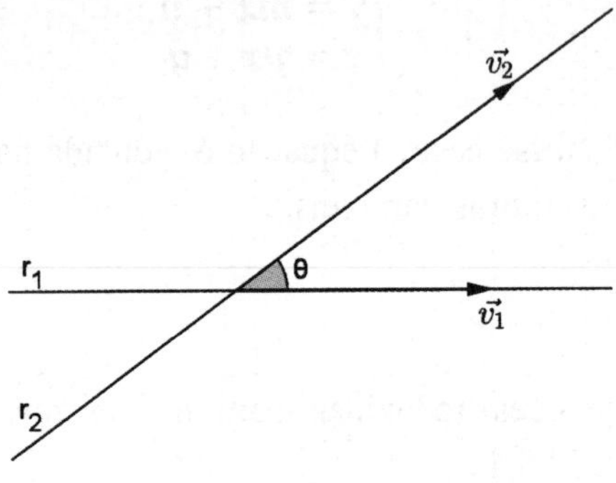

Figura 2: Ângulo entre retas

Assim:

$$\cos\theta = \frac{|\vec{v}_1 \cdot \vec{v}_2|}{\|\vec{v}_1\|\|\vec{v}_2\|},$$

sendo θ o ângulo entre r_1 *e* r_2, com $0° \leq \theta \leq 90°$. O módulo aparece na expressão acima pois, dependendo da escolha dos vetores diretores, o ângulo obtido seria obtuso, de cosseno negativo. Como $\cos(\theta) = -\cos(\pi - \theta)$, o módulo "obriga" a escolha do ângulo agudo.

EXERCÍCIOS PROPOSTOS:

1) Encontre equações paramétricas para a reta que passa pelos pontos $M(1,2,3)$ e $N(9,8,7)$.

2) Determine os pontos da reta que passa pelos pontos $(0,2,-2)$ e $(1,1,0)$ que distam $\sqrt{3}$ unidades do ponto $(0,2,1)$.

3) Encontre equações paramétricas da reta que passa pelo ponto médio do segmento MN, com $M(1,2,3)$ e $N(9,8,7)$, e é paralela à reta de equações

$$\begin{cases} x = 2t \\ y = 7 \\ z = 4 - t \end{cases}.$$

4) Verifique em cada caso se os pontos A, B e C são colineares (isto é, estão sobre uma mesma reta):

a) $A(-5,6,-9)$, $B(-3,2,1)$ e $C(4,-12,36)$
b) $A(3,0,-2)$, $B(7,-4,-22)$ e $C(5,1,3)$

5) Um avião está na posição $(300t, 1670t + 10t^2, 500 + 60t)$ no instante t, enquanto um 2º avião está na posição $(100 + 100t, 1840 - 80t, 280t)$, no mesmo instante. As trajetórias dos aviões se interceptam? Em caso afirmativo, em qual ponto? Os aviões colidem? Justifique suas respostas.

6) Considere a esfera centrada na origem e raio 1, cuja equação é $x^2 + y^2 + z^2 = 1$, o plano $z = 0$ e o ponto $N(0,0,1)$, o polo norte da esfera. Dado um ponto $P(a, b, c)$ pertencente à esfera, diferente do polo norte, considere a semirreta unindo N a P. Como é visivelmente perceptível, essa semirreta intercepta o plano $z = 0$ num único ponto, que indicaremos por P^*. Determine as coordenadas do ponto P^*.

EXERCÍCIOS DE REVISÃO:

1) Considerando as retas

$$r: (x, y, z) = (-1 + t, 2 + 5t, -2 + 3t)$$
$$s: x = 1 + 2t, y = 12 + 10t, z = 4 + 6t$$

é CORRETO afirmar que:

a) são retas paralelas e distintas.
b) são retas coincidentes.
c) são retas não coplanares.
d) são retas concorrentes.

2) A reta que passa pelos pontos $A(1,2,3)$ e $B(2,4,5)$

a) intercepta o eixo dos x.
b) intercepta o eixo dos y.
c) passa pelo ponto $C(8,16,19)$.
d) intercepta o eixo dos z.

3) É CORRETO afirmar que duas retas são perpendiculares quando:

a) se interceptam.
b) seus vetores diretores são ortogonais.
c) o produto escalar de seus vetores diretores for igual a 0 e as retas tiverem algum ponto em comum.
d) o produto vetorial dos vetores diretores das retas for nulo.

4) É CORRETO afirmar que a reta que passa pela origem na direção do vetor $\vec{w} = (1,-1,2)$:

a) contém o ponto $(1,-1,2)$.
b) contém o ponto $(100,100,100)$.
c) é paralela à reta $(3-2t, 4+2t, 3+5t)$.
d) é perpendicular à reta $(6t, 7t, 11t)$.

CAPÍTULO 8 - PLANOS

Objetivos Principais: Ao final deste tópico, você deverá ser capaz de reconhecer equações de planos; identificar um plano a partir de sua equação; encontrar equações paramétricas e geral para o plano em diversas situações; identificar planos paralelos e perpendiculares; resolver situações-problema que envolvam equações de planos.

EQUAÇÃO GERAL – Um plano pode ser definido, no espaço $\mathbb{R}^3$, em função da sua inclinação em relação aos eixos coordenados e por um de seus pontos.

Sendo assim, dado um ponto $A(x_1, y_1, z_1)$ pertencente a um plano π, e $\vec{n} = (a, b, c)$ um vetor ortogonal ao plano, um ponto $P(x, y, z)$ qualquer do espaço pertence ao plano π se, e somente se, $\overrightarrow{AP} \perp \vec{n}$.

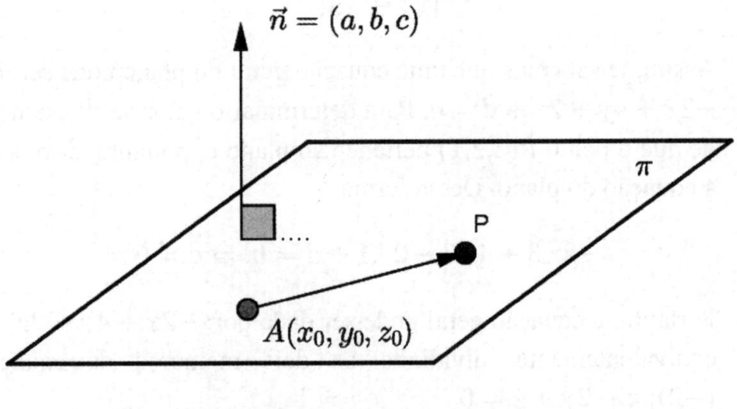

Figura 1: Vetor normal ao plano - equação geral do plano

Dessa forma, podemos obter uma equação para o plano que passa por $A(x_1, y_1, z_1)$ e tem vetor normal $\vec{n} = (a, b, c)$, tomando um ponto $P(x, y, z)$ e impondo a condição de que $\overrightarrow{AP} \cdot \vec{n} = 0$:

$$\overrightarrow{AP} = P - A = (x - x_1, y - y_1, z - z_1)$$

$$(x - x_1, y - y_1, z - z_1) \cdot (a, b, c) = 0 \Rightarrow$$

$$ax + by + cz + (-ax_1 - by_1 - cz_1) = 0.$$

Observando-se que $-ax_1 - by_1 - cz_1 = d$ é uma constante, teremos:

$$\boldsymbol{\pi: ax + by + cz + d = 0}.$$

Exemplos:

1) Determine uma equação geral para o plano que passa pelo ponto $P(3,2,1)$ na direção dos vetores $\vec{u} = (0,2,4)$ e $\vec{v} = (1,3,5)$.

Para encontrarmos uma equação geral do plano precisamos de um ponto do plano e um vetor normal. O vetor normal pode ser obtido pelo produto vetorial dos vetores $\vec{u}$ e $\vec{v}$.

$$\vec{N} = \vec{u} \times \vec{v} = \begin{vmatrix} \vec{i} & \vec{j} & \vec{k} \\ 0 & 2 & 4 \\ 1 & 3 & 5 \end{vmatrix} = -2\vec{i} + 4\vec{j} - 2\vec{k}.$$

Assim, já sabemos que uma equação geral do plano pode ser dada por $-2x + 4y - 2z + d = 0$. Para determinar o valor de d, usamos o fato de que o ponto $P(3,2,1)$ pertence ao plano e, portanto, deve satisfazer a equação do plano. Dessa forma:

$$-2 \cdot 3 + 4 \cdot 2 - 2 \cdot 1 + d = 0 \Rightarrow d = 0\,.$$

Portanto, a equação geral pode ser dada por: $-2x + 4y - 2z = 0$, ou, equivalentemente, dividindo os dois membros da equação por (-2): $x - 2y + z = 0$.

2) Encontre uma equação geral para o plano α que intercepta os eixos coordenados em $x = 1, y = 2\ e\ z = 3$. Verifique se o ponto $Q(1,3,4)$ pertence ao plano.

Se o plano α intercepta os eixos coordenados em $x = 1, y = 2\ e\ z = 3$, então os pontos $A(1,0,0)$, $B(0,2,0)$ e $C(0,0,3)$ pertencem ao plano.

Consequentemente, os vetores $\overrightarrow{AB} = (-1,2,0)$ e $\overrightarrow{AC} = (-1,0,3)$ são paralelos ao plano e podemos obter um vetor normal por meio do produto vetorial deles:

$$\vec{N} = \overrightarrow{AB} \times \overrightarrow{AC} = \begin{vmatrix} \vec{\imath} & \vec{\jmath} & \vec{k} \\ -1 & 2 & 0 \\ -1 & 0 & 3 \end{vmatrix} = 6\vec{\imath} + 3\vec{\jmath} + 2\vec{k}.$$

Assim, uma equação geral do plano pode ser dada por $6x + 3y + 2z + d = 0$, e determinamos o valor de d substituindo as coordenadas de um dos pontos conhecidos do plano, por exemplo, o ponto $A(1,0,0)$:

$$6 \cdot 1 + 3 \cdot 0 + 2 \cdot 0 + d = 0 \Rightarrow d = -6\,.$$

A equação geral pode ser então dada por: $6x + 3y + 2z - 6 = 0$.

Para verificar se um ponto pertence ou não ao plano, basta verificar se ele satisfaz ou não a equação desse plano. No caso do ponto $Q(1,3,4)$, $6 \cdot 1 + 3 \cdot 3 + 2 \cdot 4 - 6 \neq 0$. Portanto, Q não pertence ao plano α.

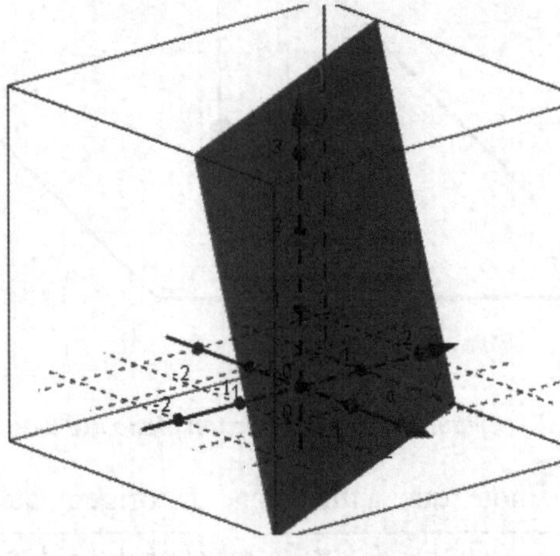

Figura 2: Esboço de um plano no espaço

Interpretação dos coeficientes da equação geral do plano

Como vimos, na equação geral $\pi: ax + by + cz + d = 0$, a, b e c são as coordenadas x, y e z de um vetor normal ao plano π. Vamos supor que o vetor normal seja unitário, assim, $a^2 + b^2 + c^2 = 1$.

A reta que passa pela origem $O(0,0,0)$ na direção do vetor normal é a reta dada por $r: (x, y, z) = (0,0,0) + t(a, b, c) = (at, bt, ct)$. Essa reta intercepta o plano π no ponto $Q = (at_0, bt_0, ct_0)$ correspondente a t_0 de forma que:

$$a(at_0) + b(bt_0) + c(ct_0) + d = 0 \Rightarrow (a^2 + b^2 + c^2)t_0 = -d \Rightarrow$$

$$t_0 = \frac{-d}{a^2 + b^2 + c^2} = -d\,.$$

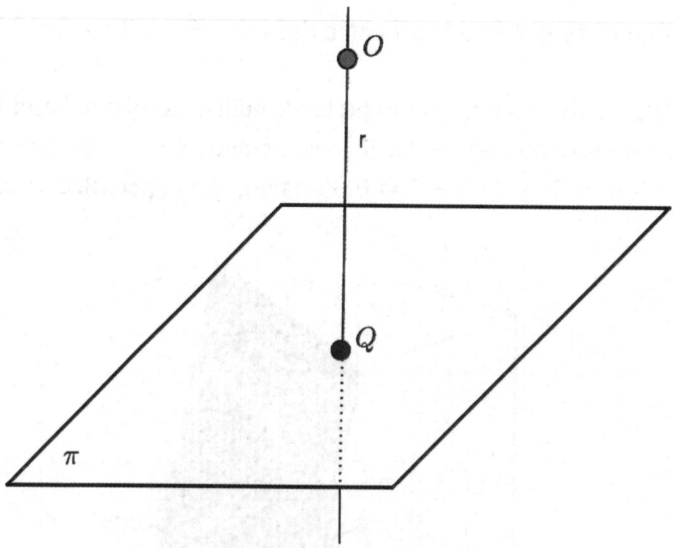

Figura 3: Distância de um plano até a origem

Por outro lado, note que a distância da origem até o ponto Q é igual a $|\overrightarrow{OQ}| = \sqrt{(at_0)^2 + (bt_0)^2 + (ct_0)^2} = \sqrt{(a^2 + b^2 + c^2){t_0}^2} = |t_0| = -d\,.$

Assim, o coeficiente d é uma medida do "afastamento" entre a origem e o plano π.

Observação: Podemos também usar o produto misto para obter a equação geral de um plano. Por exemplo, podemos determinar uma equação geral do plano π que passa pelo ponto $P(3,-2,1)$ e é paralelo aos vetores $\vec{u}=(-1,1,2)$ e $\vec{v}=(1,2,3)$, seguindo o seguinte processo: se $Q(x,y,z)$ é um ponto genérico desse plano, os vetores $\overrightarrow{PQ}, \vec{u}\ e\ \vec{v}$ são paralelos ao plano e, portanto, o produto misto desses vetores é igual a 0, ou seja,

$$[\overrightarrow{PQ},\vec{u},\vec{v}]=\begin{vmatrix} x-3 & y+2 & z-1 \\ -1 & 1 & 2 \\ 1 & 2 & 3 \end{vmatrix}=0.$$

Desenvolvendo esse determinante, encontramos uma equação geral do plano:

$$3\cdot(x-3)+2\cdot(y+2)-2\cdot(z-1)-[z-1+4\cdot(x-3)-3\cdot(y+2)] = 0 \Rightarrow$$

$$\pi: -x+5y-3z+16=0.$$

EQUAÇÃO VETORIAL - Sendo $A(x_1,y_1,z_1)$ um ponto de $\pi \in \mathbb{R}^3$, e $\vec{v}=(a_1,b_1,c_1)$ e $\vec{u}=(a_2,b_2,c_2)$ dois vetores paralelos ao plano π, não paralelos entre si, podemos dizer que um ponto $P(x,y,z)$ qualquer do espaço pertence ao plano π se, e somente se, $\overrightarrow{AP}, \vec{v}$ e $\vec{u}$ são coplanares. Nesse caso, o vetor $\overrightarrow{AP}$ é combinação linear de $\vec{v}$ e $\vec{u}$, ou seja, $\overrightarrow{AP}=t\vec{v}+h\vec{u}$.

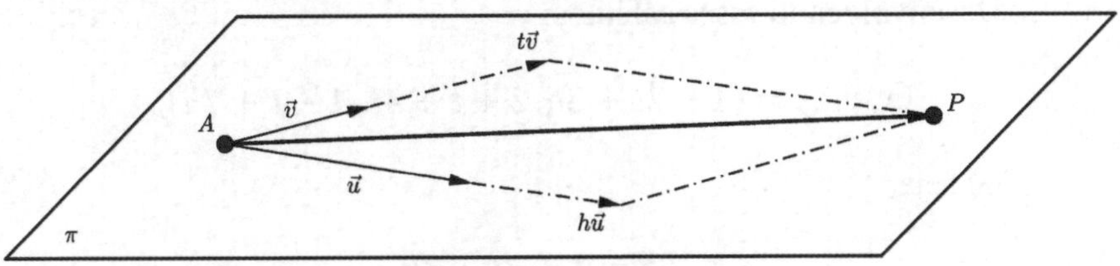

Figura 4: Equação vetorial do plano

Sendo assim:

$$P=A+t\vec{v}+h\vec{u},$$

ou

$$(\boldsymbol{x},\boldsymbol{y},\boldsymbol{z}) = (\boldsymbol{x_1},\boldsymbol{y_1},\boldsymbol{z_1}) + \boldsymbol{t}(\boldsymbol{a_1},\boldsymbol{b_1},\boldsymbol{c_1}) + \boldsymbol{h}(\boldsymbol{a_2},\boldsymbol{b_2},\boldsymbol{c_2}),$$

e os vetores $\vec{v}$ e $\vec{u}$ são chamados vetores diretores de π.

EQUAÇÕES PARAMÉTRICAS – Da igualdade anterior, obtemos as equações paramétricas do plano:

$$\pi: \begin{cases} \boldsymbol{x = x_1 + a_1t + a_2h} \\ \boldsymbol{y = y_1 + b_1t + b_2h} \\ \boldsymbol{z = z_1 + c_1t + c_2h} \end{cases}.$$

Exemplo:

Encontre equações paramétricas para o plano que passa pelos pontos $A(1,2,1), B(3,3,0)$ e $C(4,6,8)$.

Vamos considerar $\overrightarrow{AB} = (2,1,-1)$ e $\overrightarrow{AC} = (3,4,7)$ como vetores diretores do plano (note que eles não são paralelos) e usaremos o ponto A como ponto de referência. Assim, uma equação vetorial do plano seria:

$$(x,y,z) = (1,2,1) + t(2,1,-1) + h(3,4,7).$$

Desenvolvendo esses cálculos:

$$(x,y,z) = (1 + 2t + 3h, 2 + t + 4h, 1 - t + 7h),$$

ou seja,

$$\begin{cases} x = 1 + 2t + 3h \\ y = 2 + t + 4h \\ z = 1 - t + 7h \end{cases}.$$

POSIÇÕES RELATIVAS E ÂNGULO ENTRE DOIS PLANOS – Dois planos podem ser: coincidentes, paralelos distintos ou concorrentes. Se os planos forem paralelos ou coincidentes, o ângulo entre eles é 0. Sendo π_1 e π_2 dois planos concorrentes em $\mathbb{R}^3$, $\overrightarrow{n_1}$ e $\overrightarrow{n_2}$, respectivamente, seus vetores normais, definimos como ângulo θ entre os planos ao menor dos ângulos formados pelos seus vetores normais, ou seja:

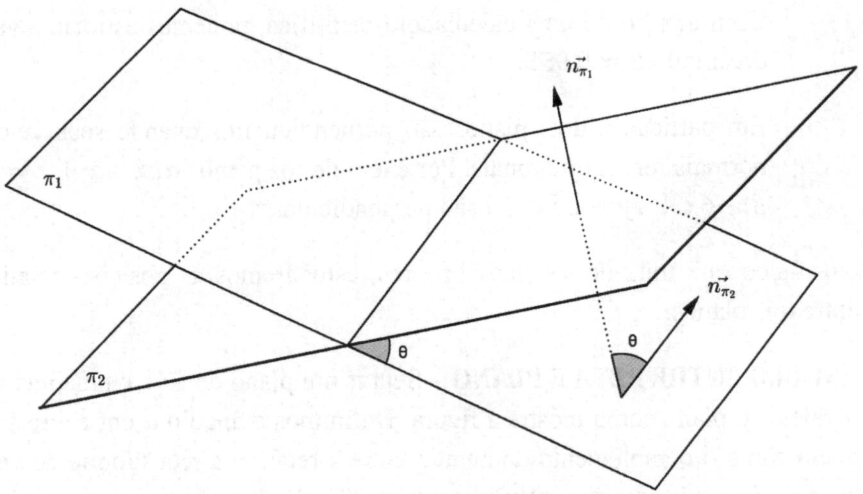

Figura 5: Ângulo entre planos

$$\cos\theta = \frac{|\vec{n_1}\cdot\vec{n_2}|}{\|\vec{n_1}\|\|\vec{n_2}\|},$$

com $0° \leq \theta \leq 90°$.

Exemplo:

Determine o ângulo entre o plano β que intercepta os eixos cartesianos sempre na coordena◆2 e o plano xOy.

O plano β passa pelos pontos $A(2,0,0)$, $B(0,2,0)$ e $C(0,0,2)$. É fácil ver que uma equação para esse plano é $x + y + z = 2$. Um vetor normal para esse plano é o vetor $\vec{n} = (1,1,1)$. Já um vetor normal do plano xOy é o vetor $\vec{k}$. Portanto, sendo θ o ângulo entre esses dois planos,

$$\cos\theta = \frac{|\vec{n}\cdot\vec{k}|}{\|\vec{n}\|\|\vec{k}\|} = \frac{1}{\sqrt{3}} = \frac{\sqrt{3}}{3}.$$

Com auxílio de uma calculadora científica, podemos estimar o valor do ângulo $\theta \approx 0{,}955$.

Em particular, dois planos são perpendiculares quando seus vetores normais forem ortogonais. Por exemplo, os planos $\alpha: x + y + z = 3$ e $\beta: -6x + 4y + 2z = 10$ são perpendiculares.

No tópico que trata de sistemas lineares, estudaremos as posições relativas entre três planos.

ÂNGULO ENTRE RETA E PLANO – Seja π um plano de $\mathbb{R}^3$e r uma reta não paralela ao plano como mostra a figura. Definimos o ângulo α entre a reta e o plano como o complemento do ângulo entre a reta r e a reta suporte do vetor normal. Sabemos que é possível determinar θ pela equação

$$\boldsymbol{\cos\theta = \frac{|\vec{v}\cdot\vec{n}|}{\|\vec{v}\|\|\vec{n}\|}}.$$

com $0° \leq \theta \leq 90°$. Logo, podemos determinar α como sendo $\alpha = \frac{\pi}{2} - \theta$.

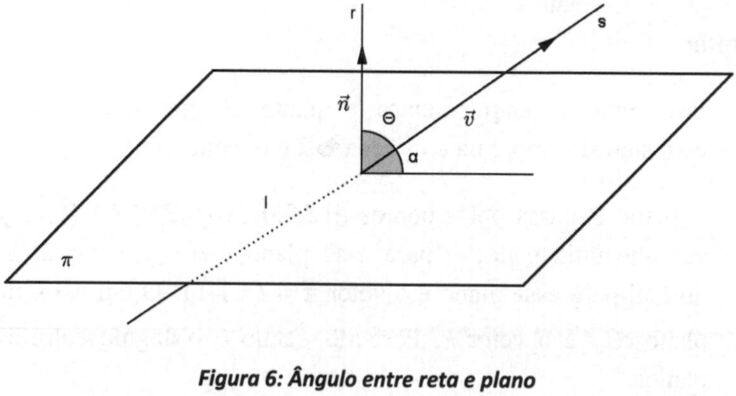

Figura 6: Ângulo entre reta e plano

EXERCÍCIOS PROPOSTOS:

1) Encontre uma equação geral para o plano que passa pelo ponto $P(-2,1,3)$ e intercepta o eixo Ox em $x = 5$ e o eixo Oz em $z = -1$.

2) Encontre equações paramétricas para o plano que passa pelos pontos $A(1,0,0)$, $B(0,1,0)$ e $C(1,1,1)$.

3) Encontre uma equação geral para o plano mediador (isto é, plano que passa pelo ponto médio do segmento e é perpendicular ao segmento) de PQ, sendo $P(3,5,4)$ e $Q(-1,7,0)$.

4) Considere o plano $\delta: 2x - 3y + 6z = 72$.

a) Verifique se o vetor $\vec{w} = (-3,2,2)$ é paralelo ao plano e justifique sua resposta.
b) Calcule a distância do plano δ à origem.

5) Encontre uma equação para o plano tangente à esfera $x^2 + y^2 + z^2 = 14$ no ponto $A(1,2,3)$.

6) Determine a interseção do plano que passa pelos pontos $P(2,1,2)$, $Q(1,0,1)$ e $R(3,3,3)$ com o plano xOy.

7) Determine uma equação geral para o plano π que passa pela origem e é paralelo ao plano $\alpha: 3x - y + 4z = 18$. Verifique se o ponto $A(-2,1,3)$ pertence ao plano π.

8) Encontre uma equação geral para o plano que seja ortogonal simultaneamente aos planos $x - y + z = 3$ e $2x + 3z = 10$, que intercepta o eixo Oz em $z = -2$.

9) Encontre uma equação geral para o plano paralelo ao plano $\beta: 6x + 2y + 3z = 49$ e que dista 1 unidade da origem.

10) Encontre o(s) vetor(es) unitário(s) paralelo(s) ao plano $3x + y = 8$ e ortogonal(is) ao vetor $\vec{w} = 2\vec{i} - \vec{j} + \vec{k}$.

11) A reta normal ao plano em um de seus pontos é a reta que passa por esse ponto e é perpendicular ao plano. Determine as equações paramétricas da reta normal ao plano dado por $x - y + 7z = 9$ no ponto $Q(3,1,1)$.

12) Considere as retas $r: (x,y,z) = (4 + 6t, -4t, 2 + 2t)$ e s a reta que passa pelos pontos $A(-2,5,1)$ e $B(1,3,2)$. Mostre que $r \, // \, s$ e encontre uma equação geral para o plano que contém essas duas retas.

13) Encontre uma equação para o plano que intercepta os eixos cartesianos em $x = x_0, y = y_0$ e $z = z_0$, supondo que $x_0, y_0, z_0 \neq 0$.

14) Determine uma equação vetorial para a reta de interseção entre os planos de equações: $x + y + z = 3$ e $3x + 2y + z = 6$.

15) Determine um sistema de equações paramétricas para o plano que passa por $A(3,-3,0)$, $B(1,2,3)$, $C(7,-5,-2)$ e verifique se $D(11,3,1)$ pertence a este plano.

16) Determine com qual dos planos coordenados o plano de equação $\alpha: -2x + 3y + 6z = 1$ forma o maior ângulo. Sendo θ_{xy}, θ_{xz} e θ_{yz} os ângulos formados pelo plano α e os planos xOy, xOz e yOz, respectivamente, qual o valor de $cos^2(\theta_{xy}) + cos^2(\theta_{xz}) + cos^2(\theta_{yz})$? Esse valor depende do plano α? Justifique.

EXERCÍCIOS DE REVISÃO:

1) Assinale entre as alternativas abaixo a única que NÃO contém uma forma CORRETA para verificarmos se uma reta r está contida em um plano π:

a) Verificar se dois pontos da reta pertencem ao plano.
b) Verificar se o vetor diretor da reta é ortogonal ao vetor normal do plano.
c) Verificar se os pontos da reta satisfazem à equação do plano.
d) Verificar se o vetor diretor da reta é paralelo ao plano e que a reta e o plano têm ponto em comum.

2) A respeito do plano de equação $x + 2y + 3z = 6$, é INCORRETO afirmar que:

a) Intercepta os três eixos coordenados.
b) O vetor (2,4,6) é normal ao plano.
c) O ponto (2,2,0) pertence ao plano.
d) O vetor (1,2,3) é normal ao plano.
e) O plano é ortogonal ao plano de equação $-x - 2y - 3z = 8$.

3) No espaço $\mathbb{R}^3$, a equação $z = 1$ representa:

a) um ponto.
b) um plano horizontal (paralelo ao plano xy).
c) uma reta.
d) uma coordenada.
e) um plano paralelo ao plano xz.

4) O plano que passa pelo ponto $A(1,-1,1)$ e é paralelo aos vetores $\vec{v} = (1,2,1)$ e $\vec{w} = (1,0,2)$ também passa pelo ponto:

a) (2,1,4)
b) (0,3,0)
c) $(0,-1,-1)$
d) $(-2,-5,0)$
e) (0,0,0)

5) Considere o plano de equação $Ax + 4y - z + D = 0$, com A e D números reais. É INCORRETO afirmar que:

a) se o plano passa pela origem, então $D = 0$.
b) se o vetor $(-1,0,-2)$ é paralelo ao plano, então $A = 2$.
c) se o ponto $(-1,1,4)$ pertence ao plano, então $A = D$.
d) se o plano intercepta o eixo dos y em $y = 2$, então $D = -8$.
e) certamente não contém o ponto (1,1,1).

6) (ENADE) No espaço $\mathbb{R}^3$, considere os planos Π_1 e Π_2 de equações

$$\Pi_1: 5x + y + 4z = 2$$
$$\Pi_2: 15x + 3y + 12z = 7$$

Um estudante de cálculo, ao deparar-se com essa situação, escreveu o seguinte:

Os planos Π_1 e Π_2 são paralelos

PORQUE

o vetor de coordenadas $(10, 2, 8)$ é um vetor não nulo e normal a ambos os planos.

Com relação ao que foi escrito pelo estudante, é correto afirmar que:

a) as duas asserções são proposições verdadeiras, e a segunda é uma justificativa da primeira.
b) as duas asserções são proposições verdadeiras, mas a segunda não é uma justificativa da primeira.
c) a primeira asserção é uma proposição verdadeira, e a segunda é falsa.
d) a primeira asserção é uma proposição falsa, e a segunda é verdadeira.
e) ambas as asserções são proposições falsas.

CAPÍTULO 9 – DISTÂNCIAS NO ESPAÇO

Objetivos Principais: Ao final deste tópico, você deverá ser capaz de resolver problemas que envolvam o cálculo de distâncias entre pontos, retas e planos, interpretando geometricamente os resultados obtidos analiticamente.

Vamos aqui estudar distância entre pontos, de ponto a reta, entre retas, e de ponto a plano.

DISTÂNCIA ENTRE DOIS PONTOS – Como já visto, dados $A = (x_1, y_{1,} z_1)$ e $B = (x_2, y_{2,} z_2)$ dois pontos de $\mathbb{R}^3$, a distância entre A e B, $d_{(A,B)}$, é a norma do vetor $\overrightarrow{AB}$, ou seja,

$$\boldsymbol{d_{(A,B)} = \sqrt{(x_2 - x_1)^2 + (y_2 - y_1)^2 + (z_2 - z_1)^2}.}$$

DISTÂNCIA ENTRE PONTO E RETA – Dados $A = (x_1, y_{1,} z_1)$ indicada por um ponto e $r: P = P_0 + t\vec{v}$ uma reta de $\mathbb{R}^3$, a distância do ponto A à reta r $d_{(A,r)}$ pode ser obtida pela altura do paralelogramo definido pelo vetor $\overrightarrow{PA}$ (com $P \in \mathbb{R}$) e $\vec{v}$.

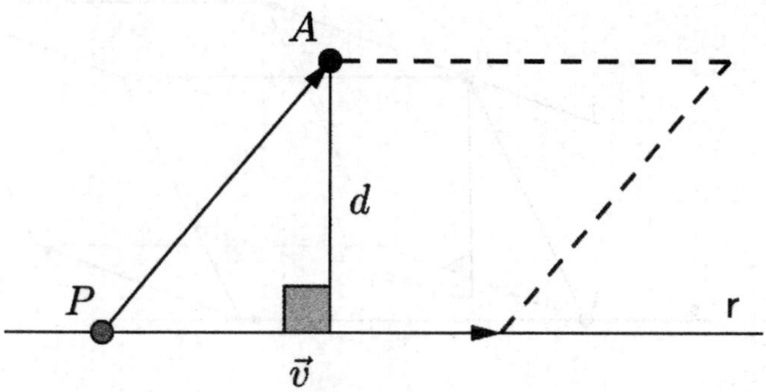

Figura 1: Distância de ponto à reta

Nesse caso, teremos:

$$d_{(A,r)} = \frac{\|\vec{v} \times \overrightarrow{PA}\|}{\|\vec{v}\|}.$$

DISTÂNCIA ENTRE RETAS – Sendo $r, s \in \mathbb{R}^3$, a distância entre as retas $d_{(r,s)}$ é determinada da seguinte forma:

- r e s são concorrentes: $d_{(r,s)} = 0$
- r e s são paralelas: $d_{(r,s)}$ é a distância de um ponto P qualquer de r à reta s.

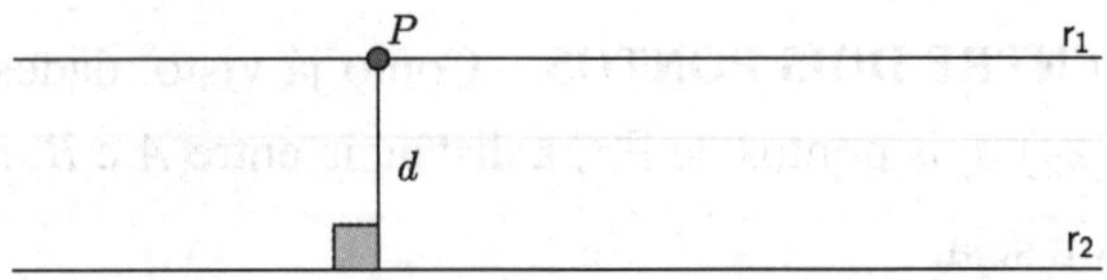

Figura 2: Distância entre retas paralelas

- r e s são reversas: $d_{(r,s)}$ é definida como a distância entre um ponto P de r e o plano definido pelos vetores $\vec{v}_r$ e $\vec{v}_s$ (vetores diretores das retas r e s, respectivamente), projetando-se $\vec{v}_r$ na reta s.

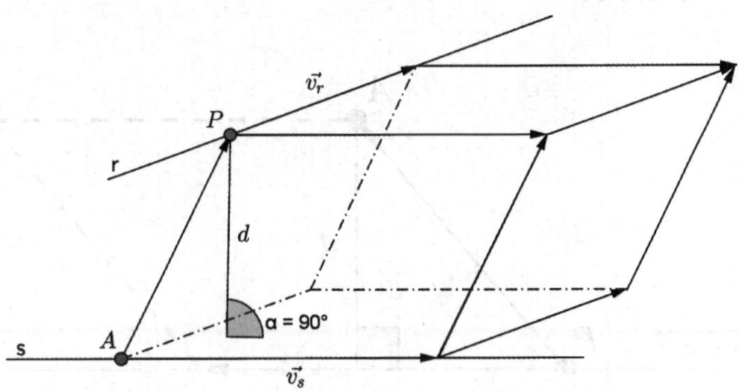

Figura 3: Distância entre retas reversas

Logo, $d_{(r,s)}$ é a altura do paralelepípedo definido por $\vec{v}_r$, $\vec{v}_s$ e $\overrightarrow{AP}$, com $A \in s$.

$$d = \frac{VOLUME_{PARALELEPÍPEDO}}{ÁREA_{BASE}},$$

$$\boldsymbol{d}_{(r,s)} = \frac{|(\overrightarrow{\boldsymbol{AP}}, \vec{\boldsymbol{v}}_r, \vec{\boldsymbol{v}}_s)|}{\|\vec{\boldsymbol{v}}_r \times \vec{\boldsymbol{v}}_s\|}$$

DISTÂNCIA ENTRE PONTO E PLANO – Seja $P(x_1, y_1, z_1)$ um ponto não contido no plano $\pi\text{: ax + by + cz + d} = 0$, cujo vetor normal é $\vec{n} = (a, b, c)$.

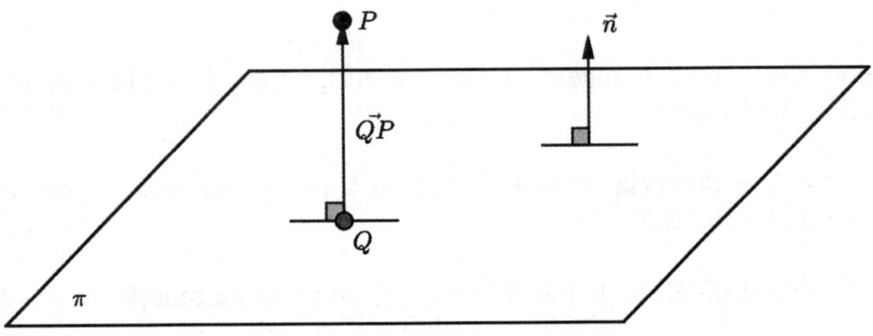

Figura 4: Distância de ponto a plano

Pela figura, a distância do ponto P ao plano π coincide com a distância entre os pontos P e Q, que é igual à norma do vetor $\overrightarrow{QP}$. Considere $Q(x, y, z)$. Como o vetor $\overrightarrow{QP}$ é paralelo ao vetor normal, temos, pela definição de produto escalar:

$$\overrightarrow{QP} \cdot \vec{n} = \|\overrightarrow{QP}\| \|\vec{n}\| cos0° \Rightarrow \|\overrightarrow{QP}\| = \frac{\overrightarrow{QP} \cdot \vec{n}}{\|\vec{n}\|}$$

Sabendo que $\|\overrightarrow{QP}\| = d_{(P,\pi)}$, teremos:

$$d_{(P,\pi)} = \frac{|a(x_1 - x) + b(y_1 - y) + c(z_1 - z)|}{\sqrt{a^2 + b^2 + c^2}}$$
$$= \frac{|ax_1 + by_1 + cz_1 - (ax + by + cz)|}{\sqrt{a^2 + b^2 + c^2}}.$$

O módulo surge porque o produto escalar pode ser negativo. Pela equação do plano, temos $ax + by + cz = -d$. Substituindo:

$$\boldsymbol{d_{(P,\pi)} = \frac{|ax_1 + by_1 + cz_1 + d|}{\sqrt{a^2 + b^2 + c^2}}}.$$

EXERCÍCIOS:

1) Verifique se o triângulo de vértices $A(2,-1,4)$, $B(-3,11,-5)$ e $C = (1,3,-4)$ é isósceles.

2) Calcule a distância do ponto $P(3,2,1)$ à reta r que passa pelos pontos $A(-1,0,2)$ e $B(0,2,1)$.

3) Calcule a distância do ponto $P(-1,0,1)$ ao plano de equação $\pi: x + 2z = 3$.

4) Determine o ponto do plano de equação $\pi: 2x + 3y + 4z = -56$ mais próximo do ponto $A(3,0,-1)$.

5) Se π é um plano que intercepta os eixos cartesianos em $x = p$, $y = q$ e $z = r$, e sendo k a distância da origem a π, prove que:

$$\frac{1}{k^2} = \frac{1}{p^2} + \frac{1}{q^2} + \frac{1}{r^2}.$$

6) Encontre a equação da esfera com centro em $C(1,1,7)$ e tangente ao plano de equação π: $-2x - 4y + 8z = 6$.

7) Este problema foi adaptado de um exercício do excelente texto Notas de Aula de Geometria Analítica, do professor Israel Vainsencher: Os aeroportos de Pongonhas e Fubica, localizados nos pontos P e F, nessa ordem, distam 18km. Do projeto genial resultaram pistas de decolagem cujos

prolongamentos se cruzam num ponto O tal que o triângulo ΔPOF é equilátero. Os controladores de voo determinaram que na decolagem de P o avião passe sobre O a 2km de altitude e, na de F, a 3km. Sabe-se que a margem segura de afastamento entre aeronaves é 992m. É seguro embarcar num desses voos? Se necessário, use que $\sqrt{2} \approx 1{,}4$; $\sqrt{3} \approx 1{,}7$; $\sqrt{5} \approx 2{,}2$ e $\sqrt{10} \approx 3{,}1$.

8) Determine o ponto simétrico do ponto $A(1,2,3)$ com relação:

a) Ao ponto $P(2,0,5)$
b) À reta $s: (3+t, 2-t, 1+4t)$
c) Ao plano $\pi: x+y+z=3$

9) Determine equações paramétricas para a reta s obtida como interseção dos planos $y+z=0$ e $x+y-z-1=0$. Calcule a distância do ponto $Q(1,2,-1)$ à reta s.

10) Dados os pontos $A(2,1,1), B(-1,0,1)$ e $C(1,-1,0)$, determine a altura do triângulo ΔABC relativa ao lado AC e verifique se o ponto $P(1,1,1)$ pertence ao plano que contém o triângulo ABC.

CAPÍTULO 10 – SISTEMAS LINEARES

Objetivos Principais: Ao final deste tópico, você deverá ser capaz de resolver sistemas lineares pelos métodos de Cramer ou de Gauss (escalonamento); Resolver sistemas lineares pelo método da matriz inversa e determinar a matriz inversa por escalonamento; interpretar geometricamente o resultado; resolver situações-problema que se modelam por sistemas lineares; associar corretamente o determinante da matriz dos coeficientes à determinação do sistema quadrado e à dependência ou independência linear dos vetores.

É muito comum, em questões relacionadas à Matemática, a resolução de um conjunto de equações interdependentes. Por exemplo, para se determinar os pontos de interseção de duas curvas dadas por suas equações algébricas, é necessário resolver o sistema formado pelas equações das curvas. Algumas das equações mais usuais em Matemática são equações lineares. Equações do tipo $3x + 5y = 7$ ou $x - y = -3$ são equações lineares em duas incógnitas. De forma geral, uma equação linear em n incógnitas, $x_1, x_2, \cdots, x_n$ é uma equação do tipo

$$a_1 \cdot x_1 + a_2 \cdot x_2 + a_3 \cdot x_3 + \cdots + a_n \cdot x_n = c\,,$$

em que $a_1, a_2, \cdots, a_n$ são os coeficientes da equação e c é o termo independente.

Se a equação linear tiver mais que uma variável, é fácil ver que ela terá infinitas soluções.

Exemplos:

1) Resolva a equação $2x - y = 1$.

Essa equação pode ser resolvida isolando-se uma das variáveis, por exemplo o y: $y = 2x - 1$. Portanto, todo par ordenado da forma

$(x, 2x - 1)$ é uma solução. Na realidade, como já estudamos, esse conjunto de pontos representa uma reta e é, portanto, infinito.

2) Resolva a equação linear $x - y + 2z = 4$.

Primeiramente, observe que essa é a equação de um plano. Portanto, o conjunto solução da equação é o conjunto de pontos de um plano. Podemos, por exemplo, isolar a variável x e obter soluções paramétricas: $x = 4 + y - 2z \Rightarrow (4 + t - 2s, t, s)$ são as soluções.

Sistemas formados por equações lineares em duas ou mais variáveis são chamados de **sistemas lineares**.

Assim, um sistema de equações lineares é um conjunto de m equações com n variáveis, da forma:

$$S: \begin{cases} a_{11}x_1 + a_{12}x_2 + a_{13}x_3 + \cdots + a_{1n}x_n = b_1 \\ a_{21}x_1 + a_{22}x_2 + a_{23}x_3 + \cdots + a_{2n}x_n = b_2 \\ \vdots \\ a_{m1}x_1 + a_{m2}x_2 + a_{m3}x_3 + \cdots + a_{mn}x_n = b_m \end{cases}.$$

Exemplo:

Para obtermos a interseção entre duas retas, precisamos muitas vezes recorrer a um sistema linear. Por exemplo, encontrar a interseção entre as retas de equações *r*: $3x + 5y = 7$ e *s*: $x - y = -3$ é equivalente a resolver o sistema linear $\begin{cases} 3x + 5y = 7 \\ x - y = -3 \end{cases}$. Esse sistema pode ser resolvido, por exemplo, utilizando-se o "método da adição", que consiste em multiplicar as equações por números adequados de forma que, ao somá-las, uma das variáveis seja eliminada. Nesse exemplo, vamos multiplicar a 2ª equação por 5 e somá-la à 1ª:

$$\begin{cases} 3x + 5y = 7 \\ 5x - 5y = -15 \end{cases} \Rightarrow 8x = -8 \Rightarrow x = -1.$$

Substituindo esse valor de x na 1ª equação, obtemos o valor de y:

$$3(-1) + 5y = 7 \Rightarrow 5y = 10 \Rightarrow y = 2.$$

Portanto, a interseção entre as retas r e s é o ponto $P(-1,2)$. Podemos esboçar uma figura ilustrativa dessa situação:

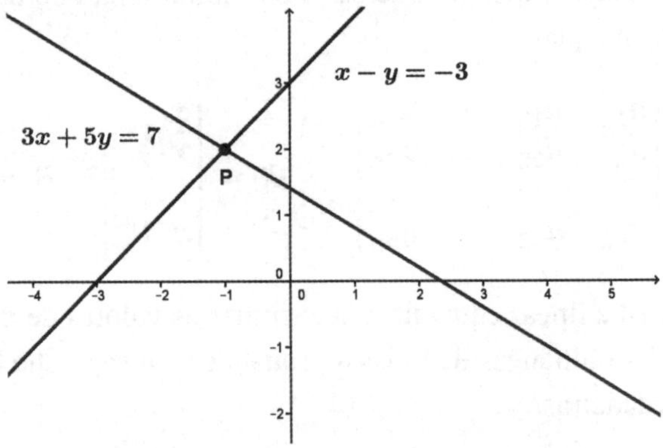

Figura 1: Exemplo de interseção de retas

Historicamente, o estudo dos sistemas lineares remonta a pelo menos 4 séculos a.C, na China. No livro *Os Nove Capítulos sobre a Arte Matemática,* consta o seguinte problema: Três feixes de uma colheita de boa qualidade, dois feixes de uma qualidade regular e um feixe de má qualidade são vendidos por 39 dou's. Dois feixes de uma colheita de boa qualidade, três de uma regular e um de má qualidade são vendidos a 34 dou's. Já um feixe de boa qualidade, dois de qualidade regular e três de má são vendidos a 26 dou's. Qual o preço do feixe de cada qualidade? Expressando os preços dos feixes de qualidade boa, regular e má por x, y e z, respectivamente, obtemos o sistema linear

$$\begin{cases} 3x + 2y + z = 39 \\ 2x + 3y + z = 34 \\ x + 2y + 3z = 26 \end{cases}.$$

Nosso objetivo é estudar os sistemas lineares, métodos de solução e aplicações, bem como interpretar geometricamente os sistemas.

Dizemos que a sequência $\alpha_1, \alpha_2, \alpha_3, \dots, \alpha_n$, com $\alpha \in \mathbb{R}$, é uma solução da equação linear se a sentença $a_{11}\alpha_1 + a_{12}\alpha_2 + a_{13}\alpha_3 + \cdots + a_{1n}\alpha_n = b$ for verdadeira.

Perceba que o sistema acima pode ser visto como uma operação matricial da forma $AX = B$, na qual:

$$A = \begin{bmatrix} a_{11} & a_{12} & \cdots & a_{1n} \\ a_{21} & a_{22} & \dots & a_{2n} \\ \vdots & \vdots & \ddots & \vdots \\ a_{n1} & a_{n2} & \cdots & a_{nn} \end{bmatrix} \qquad X = \begin{bmatrix} x_1 \\ x_2 \\ \vdots \\ x_n \end{bmatrix} \qquad B = \begin{bmatrix} b_1 \\ b_2 \\ \vdots \\ b_n \end{bmatrix}.$$

Resolver o sistema linear equivale a determinar os valores de $x_1, x_2, \dots, x_n$ que sejam soluções simultâneas de todas as equações, ou seja, que tornem todas as igualdades verdadeiras.

De acordo com o número de soluções, os sistemas lineares podem ser classificados como:

- Sistema Possível e Determinado (SPD): admite solução única.
- Sistema Possível Indeterminado (SPI): admite infinitas soluções.
- Sistema Impossível (SI): não possui solução.

De fato, é simples observar que, se um sistema linear possuir mais de uma solução, ele possuirá infinitas soluções. Basta representar o sistema matricialmente: observe que, se $AX_1 = B$ e ainda $AX_2 = B$, com $X_1 \neq X_2$, então, para todo valor real de k, valerá que:

$$A(kX_1 + (1-k)X_2) = kA\,X_1 + (1-k)A\,X_2 = kB + (1-k)B = B,$$

ou seja, $kX_1 + (1-k)X_2$ também é solução, e o sistema terá infinitas soluções.

REGRA DE CRAMER – Quando definimos o determinante de uma matriz A 2×2, vimos que esse número está intrinsecamente relacionado com a resolução de um sistema linear que tem a matriz A como matriz de coeficientes. Vamos considerar um sistema genérico 2×2:

$$\begin{cases} a_{11}x + a_{12}y = C_1 \\ a_{21}x + a_{22}y = C_2 \end{cases},$$

com matriz dos coeficientes

$$A = \begin{pmatrix} a_{11} & a_{12} \\ a_{21} & a_{22} \end{pmatrix}.$$

Podemos obter o valor de x multiplicando a 1ª equação por a_{22}, a 2ª por $(-a_{12})$ e em seguida somamos as equações obtidas:

$$\begin{cases} a_{11}a_{22}x + a_{12}a_{22}\,y = a_{22}C_1 \\ -a_{21}a_{12}\,x - a_{12}a_{22}y = -a_{12}C_2 \end{cases}$$

$$(a_{11}a_{22} - a_{12}a_{21}) \cdot x = a_{22}C_1 - a_{12}C_2\,.$$

Supondo $det(A) \neq 0$, segue que:

$$x = \frac{a_{22}C_1 - a_{12}C_2}{\det(A)} = \frac{\begin{vmatrix} C_1 & a_{12} \\ C_2 & a_{22} \end{vmatrix}}{\det(A)}.$$

Da mesma forma, multiplicando a 1ª equação por $(-a_{21})$, a 2ª por a_{11}, podemos determinar y:

$$y = \frac{a_{11}C_2 - a_{21}C_1}{\det(A)} = \frac{\begin{vmatrix} a_{11} & C_1 \\ a_{21} & C_2 \end{vmatrix}}{\det(A)}.$$

Podemos então dizer que:

$$x = \frac{\det(A_1)}{\det(A)} \; e \; y = \frac{\det(A_2)}{\det(A)}.$$

Considerando A_1 a matriz obtida de A substituindo-se a 1ª coluna pela coluna dos termos independentes $\begin{pmatrix} C_1 \\ C_2 \end{pmatrix}$, e A_2 a matriz obtida trocando-se a 2ª coluna de A pela coluna dos termos independentes.

Agora, vamos considerar um sistema linear 3×3:

$$\begin{cases} a_1x + b_1y + c_1z = d_1 \\ a_2x + b_2y + c_2z = d_2 \\ a_3x + b_3y + c_3z = d_3 \end{cases}.$$

A resolução desse sistema pelo método de adição pode ser bastante trabalhosa. Vamos usar um método alternativo. Considerando os vetores coluna

$$\vec{A} = \begin{pmatrix} a_1 \\ a_2 \\ a_3 \end{pmatrix}, \vec{B} = \begin{pmatrix} b_1 \\ b_2 \\ b_3 \end{pmatrix}, \vec{C} = \begin{pmatrix} c_1 \\ c_2 \\ c_3 \end{pmatrix} \text{ e } \vec{D} = \begin{pmatrix} d_1 \\ d_2 \\ d_3 \end{pmatrix},$$

podemos reescrever o sistema na forma de uma equação vetorial:

$$x\vec{A} + y\vec{B} + z\vec{C} = \vec{D}$$

Fazendo o produto escalar de ambos os membros da equação por $\vec{B} \times \vec{C}$, obtemos:

$$x\vec{A} \cdot (\vec{B} \times \vec{C}) + y\vec{B} \cdot (\vec{B} \times \vec{C}) + z\vec{C} \cdot (\vec{B} \times \vec{C}) = \vec{D} \cdot (\vec{B} \times \vec{C}),$$

ou seja,

$$x[\vec{A}, \vec{B}, \vec{C}] + y[\vec{B}, \vec{B}, \vec{C}] + z[\vec{C}, \vec{B}, \vec{C}] = [\vec{D}, \vec{B}, \vec{C}].$$

Como

$$[\vec{B}, \vec{B}, \vec{C}] = [\vec{C}, \vec{B}, \vec{C}] = 0,$$

concluímos que

$$x[\vec{A}, \vec{B}, \vec{C}] = [\vec{D}, \vec{B}, \vec{C}] \Rightarrow$$

$$x = \frac{[\vec{D}, \vec{B}, \vec{C}]}{[\vec{A}, \vec{B}, \vec{C}]},$$

desde que $[\vec{A}, \vec{B}, \vec{C}] \neq 0$. Observe que $[\vec{A}, \vec{B}, \vec{C}]$ é exatamente o determinante da matriz dos coeficientes (ou matriz incompleta) do sistema.

Da mesma forma, se fizermos o produto escalar dos membros da equação $x\vec{A} + y\vec{B} + z\vec{C} = \vec{D}$ por $\vec{A} \times \vec{C}$, obteremos:

$$x[\vec{A},\vec{A},\vec{C}] + y[\vec{B},\vec{A},\vec{C}] + z[\vec{C},\vec{A},\vec{C}] = [\vec{D},\vec{A},\vec{C}] \Longrightarrow y[\vec{B},\vec{A},\vec{C}] = [\vec{D},\vec{A},\vec{C}] \Longrightarrow$$

$$-y[\vec{A},\vec{B},\vec{C}] = -[\vec{A},\vec{D},\vec{C}] \Longrightarrow$$

$$y = \frac{[\vec{A},\vec{D},\vec{C}]}{[\vec{A},\vec{B},\vec{C}]}.$$

Por fim, se fizermos o produto escalar dos membros da equação $x\vec{A} + y\vec{B} + z\vec{C} = \vec{D}$ por $\vec{A} \times \vec{B}$, obteremos:

$$x[\vec{A},\vec{A},\vec{B}] + y[\vec{B},\vec{A},\vec{B}] + z[\vec{C},\vec{A},\vec{B}] = [\vec{D},\vec{A},\vec{B}] \Longrightarrow z[\vec{C},\vec{A},\vec{B}] = [\vec{D},\vec{A},\vec{B}] \Longrightarrow$$

$$-z[\vec{A},\vec{B},\vec{C}] = -[\vec{A},\vec{B},\vec{D}] \Longrightarrow$$

$$z = \frac{[\vec{A},\vec{B},\vec{D}]}{[\vec{A},\vec{B},\vec{C}]}.$$

Dessa forma, se o determinante da matriz dos coeficientes for não nulo, o sistema admitirá solução única dada por

$$x = \frac{[\vec{D},\vec{B},\vec{C}]}{[\vec{A},\vec{B},\vec{C}]}, y = \frac{[\vec{A},\vec{D},\vec{C}]}{[\vec{A},\vec{B},\vec{C}]} \quad e \quad z = \frac{[\vec{A},\vec{B},\vec{D}]}{[\vec{A},\vec{B},\vec{C}]}.$$

Podemos interpretar essa solução como:

$$x = \frac{\det(M_1)}{\det(M)}, \ y = \frac{\det(M_2)}{\det(M)} \quad e \quad z = \frac{\det(M_3)}{\det(M)},$$

em que M é a matriz dos coeficientes (ou matriz incompleta), M_1 representa a matriz obtida da matriz dos coeficientes substituindo-se a 1ª coluna pela coluna D dos termos independentes, M_2 a matriz obtida substituindo a 2ª coluna de M pela coluna D e M_3 a matriz obtida substituindo a 3ª coluna de M pela coluna D.

Esse método, que desenvolvemos nos casos 2×2 e 3×3, é conhecido como **Regra de Cramer** e vale em geral para sistemas lineares $n \times n$, desde que o determinante da matriz incompleta do sistema seja não nulo. Assim, se M é a matriz dos coeficientes do sistema e $\det(M) \neq 0$, é possível mostrar que o sistema linear é possível e determinado, e, portanto, tem solução única, dada por:

$$\boldsymbol{x_i = \frac{\det(M_i)}{\det(M)}},$$

em que M_i é a matriz obtida pela substituição da i-ésima coluna da matriz M pela coluna formada pelos termos independentes.

ESCALONAMENTO (MÉTODO DE GAUSS-JORDAN) – Provavelmente, é o processo mais utilizado na resolução de sistemas lineares, especialmente aqueles cuja matriz dos coeficientes tem ordem maior ou igual a três. É a mais utilizada, pois com essa técnica podemos encontrar soluções para sistemas que não tenham o mesmo número de equações e incógnitas. O método do escalonamento consiste em substituir o sistema inicial por um sistema equivalente, mais simples, que possua as mesmas soluções. Baseia-se em simplificar o sistema, tornando sua forma próxima a de uma "escada". Etimologicamente, o termo escalonar vem do latim *scala* que era usado no sentido de degraus ou de escada.

Em geral, o objetivo é fazer com que o sistema adquira o seguinte aspecto:

$$S': \begin{cases} a_{11}x_1 + a_{12}x_2 + a_{13}x_3 + a_{14}x_4 + \cdots + a_{1n}x_n = b_1 \\ \qquad a_{22}x_2 + a_{23}x_3 + a_{24}x_4 + \cdots + a_{2n}x_n = b_2 \\ \qquad\qquad a_{33}x_3 + a_{34}x_4 + \cdots + a_{3n}x_n = b_3 \\ \qquad\qquad\qquad \vdots \\ \qquad\qquad\qquad a_{mn}x_n = b_m \end{cases}$$

Essa simplificação é feita por meio das chamadas **operações elementares**, que não alteram a solução do sistema. São elas:

- Trocar duas linhas de lugar entre si.
- Multiplicar uma linha por um número não nulo.
- Somar um múltiplo de uma linha com outra.

Para simplificar a notação, podemos realizar essas operações diretamente sobre a chamada **matriz aumentada do sistema**, obtida colocando-se as colunas dos coeficientes, em ordem, e ao fim, à direita, a coluna dos termos independentes:

$$[A|B] = \begin{bmatrix} a_{11} & a_{12} & \cdots & a_{1n} & \vdots & b_1 \\ a_{21} & a_{22} & \cdots & a_{2n} & \vdots & b_2 \\ \vdots & \vdots & \ddots & \vdots & \vdots & \vdots \\ a_{m1} & a_{m2} & \cdots & a_{mn} & \vdots & b_m \end{bmatrix}.$$

As operações elementares são conduzidas de maneira a eliminar a incógnita x_1 de todas as equações a partir da segunda, para o que é necessário ter-se a_{11} não nulo, depois eliminar a incógnita x_2 de todas as equações a partir da terceira, para o que é necessário ter-se a_{22} (o novo coeficiente de x_2 na segunda equação) não nulo, etc.

Usaremos o escalonamento pelo método de eliminação de Gauss-Jordan. Esse método tem por objetivo alterar a matriz a uma forma ainda mais simplificada, "reduzida", como é comum se dizer, de forma a satisfazer três propriedades:

1º. Linhas nulas (aquelas inteiramente formadas por 0) devem estar na parte inferior da matriz.

2º. O 1º elemento não nulo de cada linha não nula, chamado de **pivô** (ou líder), deve ser igual a 1 e deve estar à esquerda dos elementos líderes abaixo dele.

3º. Cada coluna que contém um elemento líder tem os demais elementos iguais a 0.

Exemplo:

As matrizes A, B e C estão na forma escalonada reduzida por linhas:

$$A = \begin{pmatrix} 1 & 0 & 0 & 2 \\ 0 & 1 & 0 & 9 \\ 0 & 0 & 1 & -1 \end{pmatrix} \quad B = \begin{pmatrix} 1 & 7 & 0 & 0 & 3 \\ 0 & 0 & 1 & 0 & 6 \\ 0 & 0 & 0 & 1 & 8 \end{pmatrix} \quad C = \begin{pmatrix} 0 & 1 & 0 & 0 & -2 \\ 0 & 0 & 1 & 0 & 10 \\ 0 & 0 & 0 & 0 & 0 \end{pmatrix}.$$

Já as matrizes E, F, G e H não estão na forma escalonada reduzida por linha:

$$E = \begin{pmatrix} \mathbf{0} & 0 & \mathbf{0} & \mathbf{0} \\ 0 & 1 & 0 & 9 \\ 0 & 0 & 1 & -1 \end{pmatrix}$$ ↪ linha nula não está na base da matriz.

$$F = \begin{pmatrix} 1 & \mathbf{7} & 0 & 0 & 3 \\ 0 & \boxed{1} & 1 & 0 & 6 \\ 0 & 0 & 0 & 1 & 8 \end{pmatrix}$$ ↪ a coluna que contém o pivô da 2ª linha contém termos não nulos além dele.

$$G = \begin{pmatrix} 1 & 0 & 0 & 0 & -2 \\ 0 & \boxed{2} & 0 & 0 & 10 \\ 0 & 0 & 1 & 0 & 0 \end{pmatrix}$$ ↪ o pivô da 2ª linha não é igual a 1.

$$H = \begin{pmatrix} 0 & 0 & 1 & 0 & 3 \\ 0 & 1 & 0 & 0 & 6 \\ 1 & 0 & 0 & 0 & 9 \end{pmatrix}$$ ↪ o pivô da 1ª linha não está à esquerda do pivô da 2ª linha, que por sua vez não está à esquerda do da 3ª.

A princípio, essas condições podem parecer um pouco confusas, mas basta estudar alguns exemplos e fazer alguns exercícios para compreendê-la bem.

Se, durante o processo de escalonamento, surgir uma linha toda nula, essa é retirada do sistema, pois não contribuirá com nenhuma nova informação. Caso apareça uma linha com todos os coeficientes nulos e termo independente não nulo, o sistema não possui solução.

Vamos apresentar agora dois exemplos nos quais aplicamos as operações elementares a fim de obter as formas escalonadas e reduzidas por linhas das matrizes.

Exemplos:

1) Vamos aplicar o método de Gauss-Jordan à matriz $A = \begin{pmatrix} 2 & 2 & 8 \\ 4 & 6 & 6 \\ 0 & 3 & 9 \end{pmatrix}$.

Vamos dividir os termos da 1ª linha por 2, ou, equivalentemente, multiplicá-los por ½ :

$$\begin{pmatrix} 2 & 2 & 8 \\ 4 & 6 & 6 \\ 0 & 3 & 9 \end{pmatrix} \xrightarrow{L1/2} \begin{pmatrix} 1 & 1 & 4 \\ 4 & 6 & 6 \\ 0 & 3 & 9 \end{pmatrix}.$$

Em seguida precisamos "zerar" os elementos abaixo do pivô $a_{11} = 1$ da 1ª coluna. Para zerar o elemento $a_{21} = 4$, faremos linha 2 menos 4 vezes a linha 1:

$$\begin{pmatrix} 1 & 1 & 4 \\ 4 & 6 & 6 \\ 0 & 3 & 9 \end{pmatrix} \xrightarrow{L2-4L1} \begin{pmatrix} 1 & 1 & 4 \\ 4-4 & 6-4 & 6-16 \\ 0 & 3 & 9 \end{pmatrix} = \begin{pmatrix} 1 & 1 & 4 \\ 0 & 2 & -10 \\ 0 & 3 & 9 \end{pmatrix}.$$

Como o elemento $a_{31} = 0$, não é necessário fazer nada para zerá-lo. Vamos passar ao pivô da 2ª linha. O 1º termo não nulo dessa linha é $a_{22} = 2$. Precisamos torná-lo igual a 1. Para isso, vamos dividir a 2ª linha por 2:

$$\begin{pmatrix} 1 & 1 & 4 \\ 0 & 2 & -10 \\ 0 & 3 & 9 \end{pmatrix} \xrightarrow{L2\div 2} \begin{pmatrix} 1 & 1 & 4 \\ 0 & 1 & -5 \\ 0 & 3 & 9 \end{pmatrix}.$$

Agora precisamos zerar o termo abaixo desse pivô, ou seja, $a_{32} = 3$. Para isso, vamos subtrair da 3ª linha o triplo da 2ª linha:

$$\begin{pmatrix} 1 & 1 & 4 \\ 0 & 1 & -5 \\ 0 & 3 & 9 \end{pmatrix} \xrightarrow{L3-3L2} \begin{pmatrix} 1 & 1 & 4 \\ 0 & 1 & -5 \\ 0 & 3-3 & 9-(-15) \end{pmatrix} = \begin{pmatrix} 1 & 1 & 4 \\ 0 & 1 & -5 \\ 0 & 0 & 24 \end{pmatrix}.$$

Na 3ª linha, o pivô deve ser o $a_{33} = 24$, o único e, portanto, o 1º, não nulo. Para torná-lo igual a 1, vamos dividir a 3ª linha por 24:

$$\begin{pmatrix} 1 & 1 & 4 \\ 0 & 1 & -5 \\ 0 & 0 & 24 \end{pmatrix} \xrightarrow{L3\div 24} \begin{pmatrix} 1 & 1 & 4 \\ 0 & 1 & -5 \\ 0 & 0 & 1 \end{pmatrix}.$$

Agora vamos zerar os elementos acima dos pivôs. Para não desfazer as operações anteriores, devemos começar da direita para a esquerda e de baixo para cima. Assim, o 1º elemento que vamos zerar é o $a_{23} = -5$. Isso será feito multiplicando a 3ª linha por 5 e em seguida somando-a à 2ª linha:

$$\begin{pmatrix} 1 & 1 & 4 \\ 0 & 1 & -5 \\ 0 & 0 & 1 \end{pmatrix} \xrightarrow{5L3+L2} \begin{pmatrix} 1 & 1 & 4 \\ 0 & 1+0 & -5+5 \\ 0 & 0 & 1 \end{pmatrix} = \begin{pmatrix} 1 & 1 & 4 \\ 0 & 1 & 0 \\ 0 & 0 & 1 \end{pmatrix}.$$

Analogamente, para zerar o elemento $a_{13} = 4$, faremos 1ª linha menos 4 vezes a 3ª linha:

$$\begin{pmatrix} 1 & 1 & 4 \\ 0 & 1 & 0 \\ 0 & 0 & 1 \end{pmatrix} \xrightarrow{L1-4L3} \begin{pmatrix} 1-0 & 1-0 & 4-4 \\ 0 & 1 & 0 \\ 0 & 0 & 1 \end{pmatrix} = \begin{pmatrix} 1 & 1 & 0 \\ 0 & 1 & 0 \\ 0 & 0 & 1 \end{pmatrix}.$$

Por fim, vamos zerar o elemento $a_{12} = 1$ fazendo a 1ª linha menos a 2ª:

$$\begin{pmatrix} 1 & 1 & 0 \\ 0 & 1 & 0 \\ 0 & 0 & 1 \end{pmatrix} \xrightarrow{L1-4L3} \begin{pmatrix} 1-0 & 1-1 & 0-0 \\ 0 & 1 & 0 \\ 0 & 0 & 1 \end{pmatrix} = \begin{pmatrix} 1 & 0 & 0 \\ 0 & 1 & 0 \\ 0 & 0 & 1 \end{pmatrix}.$$

Todas as matrizes obtidas ao longo do processo de escalonamento são **linha equivalentes** à original, o que significa que os sistemas lineares definidos por cada uma delas têm o mesmo conjunto solução. Nesse exemplo, a matriz

$A = \begin{pmatrix} 2 & 2 & 8 \\ 4 & 6 & 6 \\ 0 & 3 & 9 \end{pmatrix}$ é linha equivalente à matriz identidade de ordem 3

$$I_3 = \begin{pmatrix} 1 & 0 & 0 \\ 0 & 1 & 0 \\ 0 & 0 & 1 \end{pmatrix}.$$

O método que acabamos de descobrir é principalmente devido ao matemático alemão Carl Friedrich Gauss (1777-1855), por muitos considerado o maior matemático da história. Gauss criou o método de eliminação gaussiana ao desenvolver sua teoria sobre órbitas de asteroides.

Nos próximos exemplos vamos resolver sistemas lineares pelo método de escalonamento de Gauss-Jordan. O método de escalonamento é uma forma mais sistemática de resolução de sistemas por "adição", método aprendido no Ensino Fundamental.

2) Resolva o sistema:

$$\begin{cases} x + y + z = 2 \\ 2x + 3y - z = 8 \\ x - y - z = -8 \end{cases}.$$

Para resolvermos um sistema linear usando o método de Gauss-Jordan, precisamos escalonar a matriz aumentada (ou completa) do sistema, ou seja, a matriz formada pelas colunas dos coeficientes e pela coluna de termos independentes. Neste exemplo, a matriz aumentada do sistema é

$$A = \left(\begin{array}{ccc|c} 1 & 1 & 1 & 2 \\ 2 & 3 & -1 & 8 \\ 1 & -1 & -1 & -8 \end{array}\right).$$

A seguir faremos o escalonamento. O termo a_{11} já é igual a 1. Vamos zerar os elementos abaixo desse pivô:

$$\left(\begin{array}{ccc|c} 1 & 1 & 1 & 2 \\ 2 & 3 & -1 & 8 \\ 1 & -1 & -1 & -8 \end{array}\right) \xrightarrow{L2-2L1} \left(\begin{array}{ccc|c} 1 & 1 & 1 & 2 \\ 2-2 & 3-2 & -1-2 & 8-4 \\ 1 & -1 & -1 & -8 \end{array}\right) = \left(\begin{array}{ccc|c} 1 & 1 & 1 & 2 \\ 0 & 1 & -3 & 4 \\ 1 & -1 & -1 & -8 \end{array}\right)$$

$$\left(\begin{array}{ccc|c} 1 & 1 & 1 & 2 \\ 0 & 1 & -3 & 4 \\ 1 & -1 & -1 & -8 \end{array}\right) \xrightarrow{L3-L1} \left(\begin{array}{ccc|c} 1 & 1 & 1 & 2 \\ 0 & 1 & -3 & 4 \\ 1-1 & -1-1 & -1-1 & -8-2 \end{array}\right) = \left(\begin{array}{ccc|c} 1 & 1 & 1 & 2 \\ 0 & 1 & -3 & 4 \\ 0 & -2 & -2 & -10 \end{array}\right)$$

O termo $a_{22} = 1$ está correto, e será o pivô da 2ª linha. Precisamos zerar o termo a_{32}:

$$\left(\begin{array}{ccc|c} 1 & 1 & 1 & 2 \\ 0 & 1 & -3 & 4 \\ 0 & -2 & -2 & -10 \end{array}\right) \xrightarrow{L3+2L2} \left(\begin{array}{ccc|c} 1 & 1 & 1 & 2 \\ 0 & 1 & -3 & 4 \\ 0 & -2+2 & -2+(-6) & -10+8 \end{array}\right) = \left(\begin{array}{ccc|c} 1 & 1 & 1 & 2 \\ 0 & 1 & -3 & 4 \\ 0 & 0 & -8 & -2 \end{array}\right)$$

O pivô da 3ª linha estará na posição a_{33}, mas precisamos torná-lo igual a 1. Para isso, vamos dividir a linha 3 por (-8):

$$\left(\begin{array}{ccc|c} 1 & 1 & 1 & 2 \\ 0 & 1 & -3 & 4 \\ 0 & 0 & -8 & -2 \end{array}\right) \xrightarrow{L3\div(-8)} \left(\begin{array}{ccc|c} 1 & 1 & 1 & 2 \\ 0 & 1 & -3 & 4 \\ 0 & 0 & -8\div(-8) & -2\div(-8) \end{array}\right) = \left(\begin{array}{ccc|c} 1 & 1 & 1 & 2 \\ 0 & 1 & -3 & 4 \\ 0 & 0 & 1 & \frac{1}{4} \end{array}\right)$$

Na etapa em que estamos, já conseguimos resolver o sistema, veja:

$$\begin{cases} x + y + z &= 2 \\ y - 3z &= 4 \\ z &= \frac{1}{4} \end{cases}.$$

Já temos o valor de z, substituindo-o na 2ª equação determinamos o valor de y e substituindo os valores de y e z na 1ª equação determinaríamos x. Entretanto, vamos prosseguir o método de Gauss-Jordan para obter a solução mais facilmente. Do ponto em que paramos, precisamos zerar os elementos acima do pivô $a_{33} = 1$:

$$\left(\begin{array}{ccc|c} 1 & 1 & 1 & 2 \\ 0 & 1 & -3 & 4 \\ 0 & 0 & 1 & \frac{1}{4} \end{array}\right) \xrightarrow{L2+3L3} \left(\begin{array}{ccc|c} 1 & 1 & 1 & 2 \\ 0 & 1 & -3+3 & 4+3\cdot\frac{1}{4} \\ 0 & 0 & 1 & 1/4 \end{array}\right) = \left(\begin{array}{ccc|c} 1 & 1 & 1 & 2 \\ 0 & 1 & 0 & 19/4 \\ 0 & 0 & 1 & 1/4 \end{array}\right)$$

$$\left(\begin{array}{ccc|c} 1 & 1 & 1 & 2 \\ 0 & 1 & 0 & 19/4 \\ 0 & 0 & 1 & 1/4 \end{array}\right) \xrightarrow{L1-L3} \left(\begin{array}{ccc|c} 1-0 & 1-0 & 1-1 & 2-1/4 \\ 0 & 1 & 0 & 19/4 \\ 0 & 0 & 1 & 1/4 \end{array}\right)$$
$$= \left(\begin{array}{ccc|c} 1 & 1 & 0 & 7/4 \\ 0 & 1 & 0 & 19/4 \\ 0 & 0 & 1 & 1/4 \end{array}\right).$$

Terminamos o escalonamento zerando o termo a_{21}, acima do pivô da 2ª linha:

$$\left(\begin{array}{ccc|c} 1 & 1 & 0 & 7/4 \\ 0 & 1 & 0 & 19/4 \\ 0 & 0 & 1 & 1/4 \end{array}\right) \xrightarrow{L1-L2} \left(\begin{array}{ccc|c} 1-0 & 1-1 & 0-0 & 7/4-19/4 \\ 0 & 1 & 0 & 19/4 \\ 0 & 0 & 1 & 1/4 \end{array}\right)$$
$$= \left(\begin{array}{ccc|c} 1 & 0 & 0 & -3 \\ 0 & 1 & 0 & 19/4 \\ 0 & 0 & 1 & 1/4 \end{array}\right)$$

$$\begin{cases} 1x + 0y + 0z = -3 \\ 0x + 1y + 0z = \frac{19}{4} \\ 0x + 0y + 1z = \frac{1}{4} \end{cases} \Rightarrow x = -3, y = \frac{19}{4} \ e \ z = \frac{1}{4}.$$

O conjunto solução desse sistema é $S = \{\left(-3, \frac{19}{4}, \frac{1}{4}\right)\}$.

Sistemas lineares que têm uma única solução são chamados de **sistemas possíveis e determinados (SPD).**

3) Resolva o sistema $\begin{cases} 4z = 0 \\ 5x + 5y - z = 5 \\ 2x + 2y - 2z = 5 \end{cases}$ usando o escalonamento.

Vamos montar a matriz aumentada do sistema e, em seguida, escaloná-la.

$$\left(\begin{array}{ccc|c} 0 & 0 & 4 & 0 \\ 5 & 5 & -1 & 5 \\ 2 & 2 & -2 & 5 \end{array}\right) \xrightarrow{L1 \leftrightarrow L3} \left(\begin{array}{ccc|c} 2 & 2 & -2 & 5 \\ 5 & 5 & -1 & 5 \\ 0 & 0 & 4 & 0 \end{array}\right)$$

$$\left(\begin{array}{ccc|c} 2 & 2 & -2 & 5 \\ 5 & 5 & -1 & 5 \\ 0 & 0 & 4 & 0 \end{array}\right) \xrightarrow{L1 \div 2} \left(\begin{array}{ccc|c} 1 & 1 & -1 & 5/2 \\ 5 & 5 & -1 & 5 \\ 0 & 0 & 4 & 0 \end{array}\right)$$

$$\left(\begin{array}{ccc|c} 1 & 1 & -1 & 5/2 \\ 5 & 5 & -1 & 5 \\ 0 & 0 & 4 & 0 \end{array}\right) \xrightarrow{L2 - 5L1} \left(\begin{array}{ccc|c} 1 & 1 & -1 & 5/2 \\ 0 & 0 & 4 & -15/2 \\ 0 & 0 & 4 & 0 \end{array}\right)$$

$$\left(\begin{array}{ccc|c} 1 & 1 & -1 & 5/2 \\ 0 & 0 & 4 & -15/2 \\ 0 & 0 & 4 & 0 \end{array}\right) \xrightarrow{L2 \div 4} \left(\begin{array}{ccc|c} 1 & 1 & -1 & 5/2 \\ 0 & 0 & 1 & -15/8 \\ 0 & 0 & 4 & 0 \end{array}\right)$$

$$\left(\begin{array}{ccc|c} 1 & 1 & -1 & 5/2 \\ 0 & 0 & 1 & -15/8 \\ 0 & 0 & 4 & 0 \end{array}\right) \xrightarrow{L3 - 4L2} \left(\begin{array}{ccc|c} 1 & 1 & -1 & 5/2 \\ 0 & 0 & 1 & -15/8 \\ 0 & 0 & 0 & 15/2 \end{array}\right).$$

Embora a matriz ainda não esteja na forma escalonada reduzida por linhas, a última linha já nos diz que o sistema é impossível (ou inconsistente), já que não há solução para ele. De fato, reescrevendo a equação descrita pela 3ª linha, vemos que:

$$0x + 0y + 0z = \frac{15}{2},$$

o que é claramente impossível.

Esse exemplo é importante por chamar a atenção para o fato de que nem todo sistema linear tem solução. Sistemas lineares que não admitem solução são chamados de **sistemas impossíveis (SI)** ou inconsistentes.

4) Resolva o sistema linear:

$$\begin{cases} 2x - y + z = 4 \\ x + y + z = 3 \\ x - 5y - z = -1 \end{cases}.$$

O 1º passo é montarmos a matriz aumentada do sistema:

$$\left(\begin{array}{ccc|c} 2 & -1 & 1 & 4 \\ 1 & 1 & 1 & 3 \\ 1 & -5 & -1 & -1 \end{array}\right).$$

Em seguida, vamos aplicar o escalonamento. Para tornar o pivô da 1ª linha igual a 1, podemos dividi-la por 2 ou trocar a 2ª linha com a 1ª. Vamos preferir esta segunda possibilidade:

$$\left(\begin{array}{ccc|c} 2 & -1 & 1 & 4 \\ 1 & 1 & 1 & 3 \\ 1 & -5 & -1 & -1 \end{array}\right) \xrightarrow{L1 \leftrightarrow L2} \left(\begin{array}{ccc|c} 1 & 1 & 1 & 3 \\ 2 & -1 & 1 & 4 \\ 1 & -5 & -1 & -1 \end{array}\right)$$

$$\left(\begin{array}{ccc|c} 1 & 1 & 1 & 3 \\ 2 & -1 & 1 & 4 \\ 1 & -5 & -1 & -1 \end{array}\right) \xrightarrow{L2-2L1} \left(\begin{array}{ccc|c} 1 & 1 & 1 & 3 \\ 2-2 & -1-2 & 1-2 & 4-6 \\ 1 & -5 & -1 & -1 \end{array}\right)$$
$$= \left(\begin{array}{ccc|c} 1 & 1 & 1 & 3 \\ 0 & -3 & -1 & -2 \\ 1 & -5 & -1 & -1 \end{array}\right)$$

$$\left(\begin{array}{ccc|c} 1 & 1 & 1 & 3 \\ 0 & -3 & -1 & -2 \\ 1 & -5 & -1 & -1 \end{array}\right) \xrightarrow{L3-L1} \left(\begin{array}{ccc|c} 1 & 1 & 1 & 3 \\ 0 & -3 & -1 & -2 \\ 1-1 & -5-1 & -1-1 & -1-3 \end{array}\right)$$
$$= \left(\begin{array}{ccc|c} 1 & 1 & 1 & 3 \\ 0 & -3 & -1 & -2 \\ 0 & -6 & -2 & -4 \end{array}\right)$$

$$\left(\begin{array}{ccc|c} 1 & 1 & 1 & 3 \\ 0 & -3 & -1 & -2 \\ 0 & -6 & -2 & -4 \end{array}\right) \xrightarrow{L2\div(-3)} \left(\begin{array}{ccc|c} 1 & 1 & 1 & 3 \\ 0 & 1 & 1/3 & 2/3 \\ 0 & -6 & -2 & -4 \end{array}\right)$$

$$\left(\begin{array}{ccc|c} 1 & 1 & 1 & 3 \\ 0 & 1 & 1/3 & 2/3 \\ 0 & -6 & -2 & -4 \end{array}\right) \xrightarrow{L3+6L2} \left(\begin{array}{ccc|c} 1 & 1 & 1 & 3 \\ 0 & 1 & 1/3 & 2/3 \\ 0 & -6+6 & -2+2 & -4+4 \end{array}\right)$$
$$= \left(\begin{array}{ccc|c} 1 & 1 & 1 & 3 \\ 0 & 1 & 1/3 & 2/3 \\ 0 & 0 & 0 & 0 \end{array}\right)$$

Como a 3ª linha é nula, ela não admite pivô. Portanto, basta agora zerar o termo acima do pivô da 2ª linha:

$$\left(\begin{array}{ccc|c} 1 & 1 & 1 & 3 \\ 0 & 1 & 1/3 & 2/3 \\ 0 & 0 & 0 & 0 \end{array}\right) \xrightarrow{L1-L2} \left(\begin{array}{ccc|c} 1 & 1-1 & 1-1/3 & 3-2/3 \\ 0 & 1 & 1/3 & 2/3 \\ 0 & 0 & 0 & 0 \end{array}\right) =$$
$$\left(\begin{array}{ccc|c} 1 & 0 & 2/3 & 7/3 \\ 0 & 1 & 1/3 & 2/3 \\ 0 & 0 & 0 & 0 \end{array}\right).$$

A matriz $\left(\begin{array}{ccc|c} 1 & 0 & 2/3 & 7/3 \\ 0 & 1 & 1/3 & 2/3 \\ 0 & 0 & 0 & 0 \end{array}\right)$ já está na forma escalonada reduzida por linhas. Escrevendo as equações relativas às linhas dessa matriz, vemos que:

$$\begin{cases} x + 0y + \frac{2}{3}z = \frac{7}{3} \\ 0x + y + \frac{1}{3}z = \frac{2}{3} \\ 0x + 0y + 0z = 0 \end{cases}.$$

A 3ª equação é satisfeita por quaisquer números, sendo então desnecessária. Isolando x na 1ª equação e y na 2ª, encontraremos as soluções em função de z:

$$x = \frac{7}{3} - \frac{2}{3}z \quad e \quad y = \frac{2}{3} - \frac{1}{3}z\ .$$

Dessa forma, qualquer ponto do tipo $\left(\frac{7}{3}-\frac{2}{3}z, \frac{2}{3}-\frac{1}{3}z, z\right)$ é uma solução do sistema que, portanto, admite infinitas soluções. Para cada valor de z que escolhermos teremos uma solução. Observe que $\left(\frac{7}{3}-\frac{2}{3}z, \frac{2}{3}-\frac{1}{3}z, z\right)$ descreve uma reta.

Sistemas lineares que admitem infinitas soluções são chamados de **sistemas possíveis e indeterminados (SPI)**.

Exemplos:

1) Resolva o sistema linear a seguir:

$$\begin{cases} x+y+z=2 \\ 2x+3y-z=8 \\ x-y-z=-8 \end{cases}.$$

Para resolvermos um sistema linear usando o método de Gauss-Jordan, precisamos escalonar a matriz aumentada (ou completa) do sistema, ou seja, a matriz formada pelas colunas dos coeficientes e pela coluna de termos independentes. Neste exemplo, a matriz aumentada do sistema é

$$A=\left(\begin{array}{ccc|c} 1 & 1 & 1 & 2 \\ 2 & 3 & -1 & 8 \\ 1 & -1 & -1 & -8 \end{array}\right).$$

A seguir faremos o escalonamento. O termo a_{11} já é igual a 1. Vamos zerar os elementos abaixo desse pivô:

$$\left(\begin{array}{ccc|c} 1 & 1 & 1 & 2 \\ 2 & 3 & -1 & 8 \\ 1 & -1 & -1 & -8 \end{array}\right) \xrightarrow{L2-2L1} \left(\begin{array}{ccc|c} 1 & 1 & 1 & 2 \\ 2-2 & 3-2 & -1-2 & 8-4 \\ 1 & -1 & -1 & -8 \end{array}\right)$$
$$= \left(\begin{array}{ccc|c} 1 & 1 & 1 & 2 \\ 0 & 1 & -3 & 4 \\ 1 & -1 & -1 & -8 \end{array}\right)$$

$$\left(\begin{array}{ccc|c} 1 & 1 & 1 & 2 \\ 0 & 1 & -3 & 4 \\ 1 & -1 & -1 & -8 \end{array}\right) \xrightarrow{L3-L1} \left(\begin{array}{ccc|c} 1 & 1 & 1 & 2 \\ 0 & 1 & -3 & 4 \\ 1-1 & -1-1 & -1-1 & -8-2 \end{array}\right) = \left(\begin{array}{ccc|c} 1 & 1 & 1 & 2 \\ 0 & 1 & -3 & 4 \\ 0 & -2 & -2 & -10 \end{array}\right)$$

O termo $a_{22} = 1$ está correto, e será o pivô da 2ª linha. Precisamos zerar o termo a_{32}:

$$\left(\begin{array}{ccc|c} 1 & 1 & 1 & 2 \\ 0 & 1 & -3 & 4 \\ 0 & -2 & -2 & -10 \end{array}\right) \xrightarrow{L3+2L2} \left(\begin{array}{ccc|c} 1 & 1 & 1 & 2 \\ 0 & 1 & -3 & 4 \\ 0 & -2+2 & -2+(-6) & -10+8 \end{array}\right) = \left(\begin{array}{ccc|c} 1 & 1 & 1 & 2 \\ 0 & 1 & -3 & 4 \\ 0 & 0 & -8 & -2 \end{array}\right).$$

O pivô da 3ª linha estará na posição a_{33}, mas precisamos torná-lo igual a 1. Para isso, vamos dividir a linha 3 por (-8):

$$\left(\begin{array}{ccc|c} 1 & 1 & 1 & 2 \\ 0 & 1 & -3 & 4 \\ 0 & 0 & -8 & -2 \end{array}\right) \xrightarrow{L3\div(-8)} \left(\begin{array}{ccc|c} 1 & 1 & 1 & 2 \\ 0 & 1 & -3 & 4 \\ 0 & 0 & -8\div(-8) & -2\div(-8) \end{array}\right) = \left(\begin{array}{ccc|c} 1 & 1 & 1 & 2 \\ 0 & 1 & -3 & 4 \\ 0 & 0 & 1 & \frac{1}{4} \end{array}\right).$$

Na etapa em que estamos já conseguimos resolver o sistema, veja:

$$\begin{cases} x + y + z = 2 \\ y - 3z = 4 \\ z = \frac{1}{4} \end{cases},$$

Já temos o valor de z, substituindo-o na 2ª equação determinamos o valor de y e substituindo os valores de y e z na 1ª equação determinaríamos x. Entretanto, vamos prosseguir o método de Gauss-Jordan para obter a solução mais facilmente. Do ponto em que paramos, precisamos zerar os elementos acima do pivô $a_{33} = 1$:

$$\begin{pmatrix} 1 & 1 & 1 & | & 2 \\ 0 & 1 & -3 & | & 4 \\ 0 & 0 & 1 & | & \frac{1}{4} \end{pmatrix} \xrightarrow{L2+3L3} \begin{pmatrix} 1 & 1 & 1 & | & 2 \\ 0 & 1 & -3+3 & | & 4+3\cdot\frac{1}{4} \\ 0 & 0 & 1 & | & 1/4 \end{pmatrix} = \begin{pmatrix} 1 & 1 & 1 & | & 2 \\ 0 & 1 & 0 & | & 19/4 \\ 0 & 0 & 1 & | & 1/4 \end{pmatrix}$$

$$\begin{pmatrix} 1 & 1 & 1 & | & 2 \\ 0 & 1 & 0 & | & 19/4 \\ 0 & 0 & 1 & | & 1/4 \end{pmatrix} \xrightarrow{L1-L3} \begin{pmatrix} 1-0 & 1-0 & 1-1 & | & 2-1/4 \\ 0 & 1 & 0 & | & 19/4 \\ 0 & 0 & 1 & | & 1/4 \end{pmatrix}$$
$$= \begin{pmatrix} 1 & 1 & 0 & | & 7/4 \\ 0 & 1 & 0 & | & 19/4 \\ 0 & 0 & 1 & | & 1/4 \end{pmatrix}.$$

Terminamos o escalonamento zerando o termo a_{21}, acima do pivô da 2ª linha:

$$\begin{pmatrix} 1 & 1 & 0 & | & 7/4 \\ 0 & 1 & 0 & | & 19/4 \\ 0 & 0 & 1 & | & 1/4 \end{pmatrix} \xrightarrow{L1-L2} \begin{pmatrix} 1-0 & 1-1 & 0-0 & | & 7/4-19/4 \\ 0 & 1 & 0 & | & 19/4 \\ 0 & 0 & 1 & | & 1/4 \end{pmatrix}$$
$$= \begin{pmatrix} 1 & 0 & 0 & | & -3 \\ 0 & 1 & 0 & | & 19/4 \\ 0 & 0 & 1 & | & 1/4 \end{pmatrix}$$

$$\begin{cases} 1x+0y+0z = -3 \\ 0x+1y+0z = \frac{19}{4} \\ 0x+0y+1z = \frac{1}{4} \end{cases} \Rightarrow x=-3, y=\frac{19}{4} \; e \; z=\frac{1}{4}.$$

O conjunto solução desse sistema é $S = \{\left(-3, \frac{19}{4}, \frac{1}{4}\right)\}$.

2) Resolva o sistema linear:

$$\begin{cases} x+2y-z=3 & \cdot(-3) & \cdot(-2) \\ 3x-y+z=1 & \lrcorner+ & \downarrow \\ 2x+4y-2z=6 & & \lrcorner+ \end{cases} \Rightarrow \begin{cases} x+2y-z=3 \\ \quad -7y+4z=-8 \\ 0x+0y+0z=0 \text{ (eliminar)} \end{cases} \Rightarrow$$

$$\begin{cases} x+2y-z=3 \\ \quad -7y+4z=-8 \end{cases}$$

Sistema possível e indeterminado (escalonado e 2 × 3). Variável livre: z.

$$z=\alpha \Rightarrow -7y+4\alpha=-8 \Rightarrow$$

$$y=\frac{8+4\alpha}{7}$$

$$x+2\cdot\left(\frac{8+4\alpha}{7}\right)-\alpha=3 \Rightarrow x=\frac{5-\alpha}{7}$$

Solução geral: $\left(\frac{5-\alpha}{7},\frac{8+4\alpha}{7},\alpha\right)$

3) Resolva o sistema:

$$\begin{cases} x+2y-z=3 & \cdot(-3) & \cdot(-2) \\ 3x-y+z=1 & \lrcorner + & \downarrow \\ 2x+4y-2z=5 & & \lrcorner + \end{cases} \Rightarrow \begin{cases} x+2y-z=3 \\ \quad -7y+4z=-8 \\ 0x+0y+0z=-1 \ (impossível) \end{cases} \Rightarrow$$

O sistema é impossível.

MÉTODO DA MATRIZ INVERSA

Considere um sistema "quadrado" qualquer, por exemplo $\begin{cases} x+2y+z=0 \\ 2x+3y+4z=2 \\ x+y+2z=5 \end{cases}$.

Como já dito, ele pode ser representado pela matriz aumentada do sistema,

$$\left(\begin{array}{ccc|c} 1 & 2 & 1 & 0 \\ 2 & 3 & 4 & 2 \\ 1 & 1 & 2 & 5 \end{array}\right),$$

e escalonado, mas também podemos pensar nesse sistema linear como uma equação matricial:

$$\begin{pmatrix} 1 & 2 & 1 \\ 2 & 3 & 4 \\ 1 & 1 & 2 \end{pmatrix} \cdot \begin{pmatrix} x \\ y \\ z \end{pmatrix} = \begin{pmatrix} 0 \\ 2 \\ 5 \end{pmatrix}.$$

Podemos resolver essa equação (e, consequentemente, o sistema linear) pela determinação da inversa da matriz dos coeficientes. De fato, se um sistema é escrito na forma matricial $A \cdot X = B$, em que A é a matriz dos coeficientes, X a matriz coluna das variáveis e B a matriz coluna dos termos independentes, e a matriz dos coeficientes A tiver inversa (ou seja, $\det A \neq 0$), então a solução poderá ser obtida multiplicando-se os dois membros da igualdade, à esquerda, por A^{-1}:

$$\begin{gathered} A^{-1} \cdot A \cdot X = A^{-1} \cdot B \Rightarrow \\ I \cdot X = A^{-1} \cdot B \Rightarrow \\ X = A^{-1} \cdot B. \end{gathered}$$

A matriz inversa pode ser determinada pela equação

$$\boldsymbol{A^{-1} = \frac{1}{detA} \cdot [cofA]^T}$$

em que $[cofA]^T$ é a transposta da matriz de cofatores de A, também chamada **Matriz Adjunta**. A demonstração do resultado acima foge do nível de complexidade adotado nesse texto.

Exemplo:

Vamos resolver o sistema $\begin{cases} x + 2y + z = 0 \\ 2x + 3y + 4z = 2 \\ x + y + 2z = 5 \end{cases}$. Como vimos, ele possui representação matricial

$$\begin{pmatrix} 1 & 2 & 1 \\ 2 & 3 & 4 \\ 1 & 1 & 2 \end{pmatrix} \cdot \begin{pmatrix} x \\ y \\ z \end{pmatrix} = \begin{pmatrix} 0 \\ 2 \\ 5 \end{pmatrix}$$

Determinaremos a inversa da matriz dos coeficientes, A^{-1}. Seu determinante é

$$\begin{aligned} det\, A &= 1 \cdot (-1)^2 \cdot \begin{vmatrix} 3 & 4 \\ 1 & 2 \end{vmatrix} + 2 \cdot (-1)^3 \cdot \begin{vmatrix} 2 & 4 \\ 1 & 2 \end{vmatrix} + 1 \cdot (-1)^4 \cdot \begin{vmatrix} 2 & 3 \\ 1 & 1 \end{vmatrix} \\ &= 2 + 0 - 1 = 1. \end{aligned}$$

A matriz de cofatores de A é

$$[cofA] = \begin{pmatrix} 2 & 0 & -1 \\ -3 & 1 & 1 \\ 5 & -2 & -1 \end{pmatrix}.$$

Então, a inversa será

$$A^{-1} = \frac{1}{detA} \cdot [cofA]^T = \frac{1}{1} \cdot \begin{pmatrix} 2 & -3 & 5 \\ 0 & 1 & -2 \\ -1 & 1 & -1 \end{pmatrix} = \begin{pmatrix} 2 & -3 & 5 \\ 0 & 1 & -2 \\ -1 & 1 & -1 \end{pmatrix},$$

e a solução do sistema será

$$X = A^{-1} \cdot B = \begin{pmatrix} 2 & -3 & 5 \\ 0 & 1 & -2 \\ -1 & 1 & -1 \end{pmatrix} \cdot \begin{pmatrix} 0 \\ 2 \\ 5 \end{pmatrix} = \begin{pmatrix} 19 \\ -8 \\ -3 \end{pmatrix}.$$

Para determinarmos a inversa de uma matriz quadrada A, especialmente as de ordem maior ou igual a 3, o método da matriz adjunta torna-se muito trabalhoso. Podemos lançar mão do escalonamento. É possível demonstrar que toda matriz invertível é linha-equivalente à identidade, isto é, pode ser reduzida por meio de operações elementares, à matriz identidade. O processo de inversão de matrizes por escalonamento consiste em colocar a matriz quadrada que queremos inverter ao lado de uma matriz identidade de mesma ordem e, em seguida, escalonar a matriz dada, usando as operações elementares, para reduzi-la à matriz identidade. Quando A estiver reduzida à matriz identidade, a matriz identidade terá se reduzido à inversa de A. Assim:

$$(A_{n\times n}|I_n) \xrightarrow{\textit{Operações Elementares}} (I_n|A_{n\times n}^{-1})$$

Exemplo:

Vamos determinar a inversa de

$$\begin{pmatrix} 1 & 2 & 1 \\ -1 & 3 & 4 \\ 3 & -1 & 2 \end{pmatrix}.$$

Escrevendo a matriz A ao lado da matriz identidade de ordem 3, obtemos o sistema a ser escalonado:

$$\left(\begin{array}{ccc|ccc} \mathbf{1} & \mathbf{2} & \mathbf{1} & 1 & 0 & 0 \\ \mathbf{-1} & \mathbf{3} & \mathbf{4} & 0 & 1 & 0 \\ \mathbf{3} & \mathbf{-1} & \mathbf{2} & 0 & 0 & 1 \end{array}\right).$$

Vamos aplicar as operações elementares visando reduzir o bloco da esquerda (em negrito) à matriz identidade I_n:

$$\left(\begin{array}{ccc|ccc} \mathbf{1} & \mathbf{2} & \mathbf{1} & 1 & 0 & 0 \\ \mathbf{-1} & \mathbf{3} & \mathbf{4} & 0 & 1 & 0 \\ \mathbf{3} & \mathbf{-1} & \mathbf{2} & 0 & 0 & 1 \end{array}\right) \xrightarrow{L2+L1} = \left(\begin{array}{ccc|ccc} \mathbf{1} & \mathbf{2} & \mathbf{1} & 1 & 0 & 0 \\ \mathbf{0} & \mathbf{5} & \mathbf{5} & 1 & 1 & 0 \\ \mathbf{3} & \mathbf{-1} & \mathbf{2} & 0 & 0 & 1 \end{array}\right)$$

$$\left(\begin{array}{ccc|ccc} \mathbf{1} & \mathbf{2} & \mathbf{1} & 1 & 0 & 0 \\ \mathbf{0} & \mathbf{5} & \mathbf{5} & 1 & 1 & 0 \\ \mathbf{3} & \mathbf{-1} & \mathbf{2} & 0 & 0 & 1 \end{array}\right) \xrightarrow{L3-3L1} = \left(\begin{array}{ccc|ccc} \mathbf{1} & \mathbf{2} & \mathbf{1} & 1 & 0 & 0 \\ \mathbf{0} & \mathbf{5} & \mathbf{5} & 1 & 1 & 0 \\ \mathbf{0} & \mathbf{-7} & \mathbf{-1} & -3 & 0 & 1 \end{array}\right)$$

$$\left(\begin{array}{ccc|ccc} \mathbf{1} & \mathbf{2} & \mathbf{1} & 1 & 0 & 0 \\ \mathbf{0} & \mathbf{5} & \mathbf{5} & 1 & 1 & 0 \\ \mathbf{0} & \mathbf{-7} & \mathbf{-1} & -3 & 0 & 1 \end{array}\right) \xrightarrow{L2\div 5} \left(\begin{array}{ccc|ccc} \mathbf{1} & \mathbf{2} & \mathbf{1} & 1 & 0 & 0 \\ \mathbf{0} & \mathbf{1} & \mathbf{1} & 1/5 & 1/5 & 0 \\ \mathbf{0} & \mathbf{-7} & \mathbf{-1} & -3 & 0 & 1 \end{array}\right)$$

$$\left(\begin{array}{ccc|ccc} \mathbf{1} & \mathbf{2} & \mathbf{1} & 1 & 0 & 0 \\ \mathbf{0} & \mathbf{1} & \mathbf{1} & 1/5 & 1/5 & 0 \\ \mathbf{0} & \mathbf{-7} & \mathbf{-1} & -3 & 0 & 1 \end{array}\right) \xrightarrow{L3+7L2} \left(\begin{array}{ccc|ccc} \mathbf{1} & \mathbf{2} & \mathbf{1} & 1 & 0 & 0 \\ \mathbf{0} & \mathbf{1} & \mathbf{1} & 1/5 & 1/5 & 0 \\ \mathbf{0} & \mathbf{0} & \mathbf{6} & -8/5 & 7/5 & 1 \end{array}\right)$$

$$\left(\begin{array}{ccc|ccc} \mathbf{1} & \mathbf{2} & \mathbf{1} & 1 & 0 & 0 \\ \mathbf{0} & \mathbf{1} & \mathbf{1} & 1/5 & 1/5 & 0 \\ \mathbf{0} & \mathbf{0} & \mathbf{6} & -8/5 & 7/5 & 1 \end{array}\right) \xrightarrow{L3\div 6} \left(\begin{array}{ccc|ccc} \mathbf{1} & \mathbf{2} & \mathbf{1} & 1 & 0 & 0 \\ \mathbf{0} & \mathbf{1} & \mathbf{1} & 1/5 & 1/5 & 0 \\ \mathbf{0} & \mathbf{0} & \mathbf{1} & -4/15 & 7/30 & 1/6 \end{array}\right)$$

$$\left(\begin{array}{ccc|ccc} \mathbf{1} & \mathbf{2} & \mathbf{1} & 1 & 0 & 0 \\ \mathbf{0} & \mathbf{1} & \mathbf{1} & 1/5 & 1/5 & 0 \\ \mathbf{0} & \mathbf{0} & \mathbf{1} & -4/15 & 7/30 & 1/6 \end{array}\right) \xrightarrow{L2-L3} \left(\begin{array}{ccc|ccc} \mathbf{1} & \mathbf{2} & \mathbf{1} & 1 & 0 & 0 \\ \mathbf{0} & \mathbf{1} & \mathbf{0} & 7/15 & -1/30 & -1/6 \\ \mathbf{0} & \mathbf{0} & \mathbf{1} & -4/15 & 7/30 & 1/6 \end{array}\right)$$

$$\left(\begin{array}{ccc|ccc} \mathbf{1} & \mathbf{2} & \mathbf{1} & 1 & 0 & 0 \\ \mathbf{0} & \mathbf{1} & \mathbf{0} & 7/15 & -1/30 & -1/6 \\ \mathbf{0} & \mathbf{0} & \mathbf{1} & -4/15 & 7/30 & 1/6 \end{array}\right) \xrightarrow{L1-L3} \left(\begin{array}{ccc|ccc} \mathbf{1} & \mathbf{2} & \mathbf{0} & 19/15 & -7/30 & -1/6 \\ \mathbf{0} & \mathbf{1} & \mathbf{0} & 7/15 & -1/30 & -1/6 \\ \mathbf{0} & \mathbf{0} & \mathbf{1} & -4/15 & 7/30 & 1/6 \end{array}\right)$$

$$\left(\begin{array}{ccc|ccc} \mathbf{1} & \mathbf{2} & \mathbf{0} & 19/15 & -7/30 & -1/6 \\ \mathbf{0} & \mathbf{1} & \mathbf{0} & 7/15 & -1/30 & -1/6 \\ \mathbf{0} & \mathbf{0} & \mathbf{1} & -4/15 & 7/30 & 1/6 \end{array}\right) \xrightarrow{L1-2L2} \left(\begin{array}{ccc|ccc} \mathbf{1} & \mathbf{0} & \mathbf{0} & 1/3 & -1/6 & 1/6 \\ \mathbf{0} & \mathbf{1} & \mathbf{0} & 7/15 & -1/30 & -1/6 \\ \mathbf{0} & \mathbf{0} & \mathbf{1} & -4/15 & 7/30 & 1/6 \end{array}\right).$$

Portanto,

$$\begin{pmatrix} 1 & 2 & 1 \\ -1 & 3 & 4 \\ 3 & -1 & 2 \end{pmatrix}^{-1} = \begin{pmatrix} 1/3 & -1/6 & 1/6 \\ 7/15 & -1/30 & -1/6 \\ -4/15 & 7/30 & 1/6 \end{pmatrix},$$

e a solução de qualquer sistema linear que tenha $\begin{pmatrix} 1 & 2 & 1 \\ -1 & 3 & 4 \\ 3 & -1 & 2 \end{pmatrix}$ como matriz dos coeficientes será:

$$\begin{pmatrix} x \\ y \\ z \end{pmatrix} = \begin{pmatrix} 1 & 2 & 1 \\ -1 & 3 & 4 \\ 3 & -1 & 2 \end{pmatrix} \cdot \begin{pmatrix} b_1 \\ b_2 \\ b_3 \end{pmatrix}$$

para quaisquer valores $b_1, b_2, b_3 \in \mathbb{R}$ adotados para a matriz dos termos independentes. Simule alguns casos e verifique!

INTERPRETAÇÃO GEOMÉTRICA:

Os sistemas lineares que resolvemos nesses exemplos eram formados por três equações e cada uma dessas equações descreve um plano. Assim, encontrar a solução de cada um desses sistemas é equivalente a determinar a interseção desses planos. Reveja os exemplos pensando nas soluções como interseção dos planos, visualizando, em cada caso, as posições relativas dos três planos.

A figura seguinte mostra as posições relativas entre três planos distintos (não coincidentes):

Figura 2: Posições relativas entre três planos

Faça também figuras ilustrativas dos casos em que os três planos sejam coincidentes e que dois planos sejam coincidentes.

EXERCÍCIOS PROPOSTOS:

1) Se a matriz aumentada de um certo sistema linear é linha-equivalente à matriz abaixo

$$\begin{pmatrix} 1 & -1 & 0 & 3 \\ 0 & 1 & 0 & 1 \\ 0 & 0 & 0 & 0 \end{pmatrix},$$

qual é a solução desse sistema?

2) Resolva os sistemas lineares usando o método de escalonamento:

a) $\begin{cases} 2x + 3y + 4z = 8 \\ -x - y + z = 4 \\ 3x - 3y - z = 6 \end{cases}$

b) $\begin{cases} 3x - y + 7z = 0 \\ x - y + z = 1 \\ 4x - 2y + 8z = 2 \\ 6x - 4y + 10z = 3 \end{cases}$

c) $\begin{cases} x + y - z + 2w = 10 \\ 5x - 3y + 15z + 6w = -9 \\ 3x - y + 7z + 4w = 1 \end{cases}$

d) $\begin{cases} a + b - 2c - d = 1 \\ -a + b + d = 3 \\ 2a + b - 3c - 2d = 0 \end{cases}$

3) Resolva o problema sobre os feixes de colheita, enunciado no início deste tópico.

4) Resolva este outro problema constante do livro chinês *Nove Capítulos sobre a Arte da Matemática:* Suponha que cinco ovelhas, quatro patos, três galinhas e dois coelhos valem 1496 moedas; quatro ovelhas, dois patos, seis galinhas e três coelhos valem 1175; três ovelhas, um pato, sete galinhas e cinco coelhos valem 958; duas ovelhas, três patos, cinco galinhas e um coelho valem 861. Então, qual o preço unitário da ovelha, do pato, da galinha e do coelho?

5) Verifique se os planos abaixo se interceptam num único ponto:

$$\pi_1: x + 2y + 3z = 5$$
$$\pi_2: 2x - y + z = 1$$
$$\pi_3: 3x + y - 3z = 4$$

6) Determine a interseção dos planos:

a) $\begin{cases} \pi_1: x - 2y + 3z = 10 \\ \pi_2: 2x + y + z = 5 \end{cases}$

b) $\begin{cases} \pi_1: -2x - 6y - 2z = 4 \\ \pi_2: 2x + 6y + 6z = 4 \\ \pi_3: y + z = 6 \end{cases}$

c) $\begin{cases} \pi_1: 4x + 5y - 3z = 17 \\ \pi_2: x + 3y + z = 6 \\ \pi_3: 3x - 2y - 8z = 7 \end{cases}$

7) Uma aplicação importante dos sistemas lineares é no chamado método de frações parciais, usado para integrar funções que são quocientes de polinômios. O método consiste em "separar" uma fração em uma soma de frações mais simples. Vamos mostrar um caso concreto. Sabemos que:

$$x^3 - x = x(x^2 - 1) = x(x-1)(x+1)$$

Determine os valores de a, b e c tais que

$$\frac{2x-4}{x^3-x} = \frac{a}{x} + \frac{b}{x-1} + \frac{c}{x+1}, \forall\, x \in \mathbb{R}.$$

8) Outra aplicação dos sistemas lineares é no chamado ajuste de curvas. Esse é um método pelo qual se determinam curvas de determinado grupo que passam por um certo conjunto de pontos. Um dos casos mais comuns é o de determinar uma parábola que se ajusta a um conjunto de pontos, ou seja, determinar a equação de uma parábola que passa por certos pontos. Lembrando-se que uma parábola pode ser dada pelo gráfico de uma função de 2º grau, encontre uma equação para a parábola que se ajusta aos pontos $(1,5)$, $(2,-3)$ e $(-3,-23)$.

9) O Princípio de Lavoisier afirma que, numa reação química, a soma das massas de todos os reagentes deve ser sempre igual à soma das massas de todos os produtos. Esse princípio se relaciona ao de que uma reação química está balanceada quando o número de átomos de cada elemento é o mesmo em ambos os lados da equação. Por exemplo, na equação a seguir (que descreve a

queima do álcool) temos, de cada lado, 2 moléculas de Carbono, 6 de Hidrogênio e 7 de Oxigênio:

$$C_2H_6O\ +\ 3O_2 \rightarrow 2CO_2\ + 3H_2O$$

A produção industrial de metanol, CH_3OH, a partir de metano CH_4 é dada por uma reação do tipo

$$xCH_4 + yH_2O\ +\ zCO_2 \rightarrow wCH_3OH\ .$$

Monte o sistema que representa o balanceamento dessa equação e resolva-o usando escalonamento. Qual a menor solução possível?

10) (FATEC adaptada) Um engenheiro, estudando a resistência de uma viga de certo material, obteve os seguintes dados:

Peso (em N)	Deformação (no ponto médio, em mm)
0	0
6	9
18	45

O engenheiro suspeita que a deformação D pode ser dada em função do peso x por uma expressão do tipo $D(x)\ =\ ax^2\ +\ bx\ +\ c$. Sendo assim, determine a função D.

11) (UNICAMP) Em um sistema de piscicultura superintensiva, uma grande quantidade de peixes é cultivada em tanques-rede colocados em açudes, com alta densidade populacional e alimentação à base de ração. Os tanques-rede têm a forma de um paralelepípedo e são revestidos com uma rede que impede a fuga dos peixes, mas permite a passagem da água.

a) Um grupo de 600 peixes de duas espécies foi posto em um conjunto de tanques-rede. Os peixes consomem, no total, 800g de ração por refeição. Sabendo-se que um peixe da espécie A consome 1,5g de ração por refeição e que um peixe da espécie B consome 1,0g por refeição, calcule quantos peixes de cada espécie o conjunto de tanques-rede contém.

b) Para uma determinada espécie, a densidade máxima de um tanque-rede é de 400 peixes adultos por metro cúbico. Suponha que um tanque possua largura igual ao comprimento e altura igual a 2m. Quais devem ser as dimensões mínimas do tanque para que ele comporte 7200 peixes adultos da espécie considerada?

12) (UNICAMP) Uma empresa deve enlatar uma mistura de amendoim, castanha de caju e castanha-do-pará. Sabe-se que o quilo de amendoim custa R$ 5,00, o quilo da castanha de caju, R$ 20,00 e o quilo de castanha-do-pará, R$ 16,00. Cada lata deve conter meio quilo da mistura e o custo total dos ingredientes de cada lata deve ser de R$ 5,75. Além disso, a quantidade de castanha de caju em cada lata deve ser igual a um terço da soma das outras duas.

a) Escreva o sistema linear que representa a situação descrita acima.
b) Resolva o referido sistema, determinando as quantidades, em gramas, de cada ingrediente por lata.

13) Se A é uma matriz 2×2 e $\vec{V}$ é um vetor-coluna não-nulo em $\mathbb{R}^2$, tal que $A\vec{V} = k\vec{V}$ para algum número real $k \neq 0$, dizemos que k é um auto-valor da matriz A e que $\vec{V}$ é um auto vetor associado a k.

a) Mostre que se k é um auto valor de A e $\vec{V}$ um auto vetor associado, então $(A - kI_2)\vec{V} = \vec{0}$.
b) Mostre que se k é um auto valor de A então $det(A - kI_2) = 0$.
c) Encontre os autovalores da matriz $A = \begin{pmatrix} -4 & -2 \\ -3 & 1 \end{pmatrix}$.
d) Determine um auto vetor associado a cada auto valor.
e) Forme a matriz P, 2×2, colocando os auto vetores como colunas da matriz. Em seguida calcule $P^{-1} \cdot A \cdot P$. Quais elementos aparecem na diagonal principal desse produto?

EXERCÍCIOS DE REVISÃO:

1) (ENADE) A transposição do rio São Francisco é um assunto que desperta grande interesse. Questionam-se, entre outros aspectos, os efeitos no meio

ambiente, o elevado custo do empreendimento relativamente à população beneficiada e à quantidade de água a ser retirada — o que poderia prejudicar a vazão do rio, que hoje é de 1.850 m^3/s. Visando promover em sala de aula um debate acerca desse assunto, um professor de matemática propôs a seus alunos o problema seguinte, baseando-se em dados obtidos do Ministério da Integração Nacional. Considere que o projeto prevê a retirada de x m^3/s de água. Denote por y o custo total estimado da obra, em bilhões de reais, e por z o número, em milhões, de habitantes que serão beneficiados pelo projeto. Relacionando-se essas quantidades, obtém-se o sistema de equações lineares $AX = B$, em que:

$$A = \begin{bmatrix} 1 & 2 & -2 \\ 0 & 4 & -1 \\ 1 & 0 & -2 \end{bmatrix} \quad B = \begin{bmatrix} 11 \\ 4 \\ 2 \end{bmatrix} \quad X = \begin{bmatrix} x \\ y \\ z \end{bmatrix}.$$

Com base nessas informações, assinale a opção correta.

a) O sistema linear proposto pelo professor é indeterminado, uma vez que $det(A) = 0$.
b) A transposição proposta beneficiará menos de 11 milhões de habitantes.
c) Mais de 2% da vazão do rio São Francisco serão retirados com a transposição, o que pode provocar sérios danos ambientais.
d) O custo total estimado da obra é superior a 4 bilhões de reais.
e) A matriz linha reduzida à forma escalonada, que é linha equivalente à matriz A, possui uma coluna nula.

2) (ENADE) Considere o sistema de equações a seguir:

$$\begin{cases} x + y + z = 1 \\ 2x + 2y + 2z = 4 \\ 3x + 3y + 4z = 5 \end{cases}.$$

Analise as asserções seguintes relativas à resolução desse sistema de equações lineares.

O sistema não tem solução

PORQUE

o determinante da matriz dos coeficientes é igual a zero.

A respeito dessa afirmação, assinale a opção correta.

a) As duas asserções são proposições verdadeiras e a segunda é uma justificativa correta da primeira.
b) As duas asserções são proposições verdadeiras, mas a segunda não é uma justificativa correta da primeira.
c) A primeira asserção é uma proposição verdadeira, e a segunda é falsa.
d) A primeira asserção é uma proposição falsa, e a segunda é verdadeira.
e) Ambas as asserções são proposições falsas.

3) (ENADE) Considere o sistema de equações lineares $AX = B$, com m equações e n incógnitas. Supondo que a solução do sistema homogêneo correspondente seja única, avalie as afirmações a seguir.

I. As colunas da matriz A são linearmente dependentes.
II. O sistema de equações lineares $AX = B$ tem infinitas soluções.
III. Se $m > n$, então a matriz A tem $m - n$ linhas que são combinações lineares de n linhas.
IV. A quantidade de equações do sistema $AX = B$ é maior ou igual à quantidade de incógnitas.

São CORRETAS apenas as afirmações

a) I e II.
b) II e III.
c) III e IV.
d) I, II e IV.
e) I, III e IV.

4) (PUC) Dado o sistema:

$$\begin{cases} x + y - z = 0 \\ 2x + 5y - 4z = 0 \\ 5x + 2y - 3z = 0 \end{cases}$$

afirma-se que esse sistema:

I. É sempre possível.
II. Só admite para a solução $x = 0$, $y = 0$ e $z = 0$.
III. Admite outras soluções diferentes de $x = 0$, $y = 0$ e $z = 0$.
IV. Nem sempre é possível.

É ou são verdadeiras:

a) I e III.
b) II e IV.
c) III e IV.
d) somente IV.
e) I e II.

5) (ENADE) Em uma loja de material escolar, as mercadorias, caneta, lápis e borracha de um único tipo cada uma são vendidas para três estudantes. O primeiro comprou uma caneta, três lápis e duas borrachas, pagando R$10,00; o segundo adquiriu duas canetas, um lápis e uma borracha, pagando R$9,00. O terceiro comprou três canetas, quatro lápis e três borrachas, pagando R$19,00. Os estudantes, após as compras, sem verificarem os valores de cada mercadoria, procuraram resolver o problema: "A partir das compras efetuadas e dos respectivos valores pagos por eles, qual o preço da caneta, do lápis e da borracha?" Para isso montaram um sistema de equações lineares, cujas incógnitas são os preços das mercadorias.

Esse sistema de equações é:

a) possível determinado, sendo o preço da borracha mais caro que o do lápis.
b) impossível, pois saber os totais das compras não garante a existência de solução.
c) possível determinado, podendo admitir como solução o valor do preço da caneta, do lápis e da borracha.
d) possível indeterminado, de forma que a soma dos valores possíveis da caneta, do lápis e da borracha é igual a cinco vezes o preço do lápis subtraído de R$9,00.

e) possível indeterminado, de forma que a soma dos valores possíveis da caneta, do lápis e da borracha é igual a 1/5 da adição do preço da borracha com R$28,00.

RESPOSTAS DOS EXERCÍCIOS

TÓPICO 1 – COORDENADAS CARTESIANAS – O PLANO $\mathbb{R}^2$

Exercícios Propostos

1 – a) $d_{(A,B)} = 5$ b) $d_{(C,D)} = 10$

2 – $m = \pm 2$

3 – $Q(0,2)$

4 – $k = \frac{1}{2}$

5 – $y = 1$ e $C(-1,9)$

6 – $\overline{AM} = 5$

7 – a) $x - y + 1 = 0$ b) $5x + 2y = 0$ c) $x - y - 5 = 0$

8 – a) $y = \sqrt{3}x + 4$ b) $y = -x - 2$

9 – a) $a = \frac{3}{7}\ e\ b = \frac{2}{7}$ b) $a = -2\ e\ b = \frac{3}{2}$

10 – a) $y = \frac{x}{2} + \frac{7}{2}$ b) $A\left(0, \frac{7}{2}\right) e\ B(-7,0)$ c) $(1,4)$

11 – $y = \sqrt{3}x + 2\sqrt{3}$

12 – $5x + 7y - 21 = 0$

13 – a) $d_{(M,N)} = \frac{5}{2}$ b) $3x + 4y - 22 = 0$

14 – a) $p = \frac{4}{3}$ e $q = 3\ coincidentes;\ p = \frac{4}{3}$ e $q \neq 3\ distintas$

b) $p \neq \frac{4}{3}$ c) $p = -12$

15 – $x + 2y + 4 = 0$

16 – $P'(0, -1)$

17 – $(-2,6)\ e\ (4, -2)$

18 – R$ 6500,00

19 – a) $A\ (3,-2);\ B(3,4);\ C(1,5)$ b) $s: 7x + 2y - 17 = 0$

c) $(x - 1)^2 + (y - 5)^2 = 5$

20 – a) $C(-2,5)\ e\ r = 3$ b) $C(0,\sqrt{7})\ e\ r = \sqrt{2}$ c) $C(0,0) e\ r = 1$

d) $C(1,-3) e\ r = 2$

22 – a) $x^2 + y^2 - 4x - 8y + 11 = 0$ b) $x^2 + y^2 - 2x - 2y = 0$

23 – a) m = -1/2 b) y = 2x e o ponto A pertence à mediatriz c) y = -x/2

24 – $(x - 1)^2 + (y + 2)^2 = 25$

25 – $m < 13$

26 – $(x + 1)^2 + (y - 1)^2 = 16$

27 – $(x - 3)^2 + (y - 4)^2 = 45$. A é interno.

28 – $x^2 + (y - 1)^2 = 5$

29 – 10 *metros*

30 – a) (7,7) b) 10π km/h

Exercícios de Revisão

1 – B

2 – E

3 – C

4 – A

5 – C

6 – A

7 – B

8 – B

TÓPICO 2 – ESTUDO DAS CÔNICAS

Exercícios Propostos

2 – $\frac{\sqrt{63}}{8}; \frac{\sqrt{3}}{2}; \frac{\sqrt{5}}{4}; 0$

3 – Periélio: $4{,}6 \times 10^7 km$ - Afélio: $7 \times 10^7 km$

4 – a) 12/5. b) $Q(-5,0)$, $R(5{,}0)$

5 – a) A situado entre B e C = 10/3 cm A situado fora de B e C = 10 cm

b) $3x^2 + 3y^2 - 40x + 100 = 0$, circunferência.

7 – Terreno de catetos 7m.

8 – $y = x^2 - 2x + 2$ ou $(x-1)^2 = (y-1)$

9 – $h = 5m$

10 – Hipérbole

12 – $\frac{15}{8} m$ ou 1,875m

13 – $h = 2\sqrt{3}m$

14 – $I_1 = (4,-4)$; $I_2 = (-4{,}4)$

15 – 5m do vértice (no foco)

16 – a) $\frac{x^2}{36} + \frac{y^2}{16} = 1$ b) $\frac{x^2}{64} - \frac{y^2}{36} = 1$ c) $y^2 = -8x$

20 – Interseções $I = (\pm 3{,}75, \pm 3{,}75)$

21 – $e = \sqrt{2}$

22 – 60 cm

Exercícios de Revisão

1 – C

2 – C

3 – D

4 – D

5 – D

6 – E

7 – A

8 – C

TÓPICO 3 – VETORES: TRATAMENTO GEOMÉTRICO

Exercícios Propostos

3 – $k = -\frac{1}{2}$ e $l = 1$

5 – a) $\vec{0}$ b) $m = 3$

7 – a) Δ r = 10m b) v = 12m/s

Exercícios de Revisão

1 – B

2 – E

3 – B

4 – C

5 – E

6 – B

TÓPICO 4 – VETORES: TRATAMENTO ALGÉRICO EM $\mathbb{R}^2$ E $\mathbb{R}^3$

Exercícios Propostos

1 – $\overrightarrow{AB} = (2,-3)$ e $\overrightarrow{BA} = (-2,3)$

2 – $versor$ de $\vec{v} = \left(\frac{2}{\sqrt{5}}, \frac{-1}{\sqrt{5}}\right)$

3 – $\vec{v}_{vento} = (1,-1)$ e $\|\vec{v}_{vento}\| = \sqrt{2}$

4 – $\vec{w}' = \left(\frac{-48}{13}, \frac{20}{13}\right)\ e\ \vec{w}'' = \left(\frac{48}{13}, \frac{-20}{13}\right)$

5 – $m = 3\ e\ n = -2$

6 – Não, pois são paralelos

8 – $d_{(P,Q)} = \sqrt{41}$

9 – $x^2 + y^2 = \frac{\sqrt{5}-1}{2}$

10 – $\sqrt{11}$

12 – Não

13 – $r = -13$

Exercícios de Revisão

1 – D

2 – A

3 – B

TÓPICO 5 – MATRIZES E DETERMINANTES

Exercícios Propostos

1 –

a) $\begin{pmatrix} 1 & 1 \\ 4 & 6 \end{pmatrix}$ e) $\begin{pmatrix} -5 & 1 \\ 14 & 5 \end{pmatrix}$, i) $\begin{pmatrix} 4 & -8 \\ -5 & -2 \end{pmatrix}$,

b) $\begin{pmatrix} 2 & 1 \\ 3 & -2 \end{pmatrix}$, f) $\begin{pmatrix} -6 & 3 \\ 1 & 6 \end{pmatrix}$ j) $\begin{pmatrix} -7 & 8 \\ 4 & 1 \end{pmatrix}$,

c) $\begin{pmatrix} 6 & -1 \\ -11 & -15 \end{pmatrix}$ g) $\begin{pmatrix} -1 & 2 \\ -8 & 14 \end{pmatrix}$, l)= $\begin{pmatrix} 27 & -36 \\ 4 & -5 \end{pmatrix}$

d) $\begin{pmatrix} 15 & -1 \\ 0 & 2 \end{pmatrix}$, h) $\begin{pmatrix} -2 & -7 \\ 12 & 15 \end{pmatrix}$ m) $X = \begin{pmatrix} 4 & -1 \\ -1 & 4 \end{pmatrix}$

2 – Multiplicação do vetor $\vec{v}$ por um fator k.

3 – Toda matriz da forma $P = \begin{pmatrix} a & b \\ b & a \end{pmatrix}$.

4 – FUJA

5 – $D^{2014} = \begin{pmatrix} 1 & 2014 \\ 0 & 1 \end{pmatrix}$

6 – a) 14 b) 2 c) 0 d) 15

7 – $det(A) = 49$

8 – $det(A) = 0$ *ou* $\det(A) = 1$

9 – VVF

10 – a) 18 kg b) 11 anos

11 – a) $detA = -4x + y.$

b) x = 1 e y = 2.

12 – $\frac{\pi}{4}$ *radianos*

13 – θ = 45°

14 – Uma possibilidade seria $A = \begin{pmatrix} 2 & -4 \\ 1 & -2 \end{pmatrix}$.

15 – a) sim b) $(a, b, c) = \left(0, \frac{1}{\sqrt{2}}, -\frac{1}{\sqrt{2}}\right)$ ou $(a, b, c) = \left(0, -\frac{1}{\sqrt{2}}, \frac{1}{\sqrt{2}}\right)$.

16 – $C = \begin{pmatrix} -3 & 1 \\ 5 & -2 \end{pmatrix} = -B^{-1}$.

Exercícios de Revisão

1 – C

2 – A

3 – A

4 – C

5 – B

6 – D

7 – B

8 – E

9 – A

TÓPICO 6 – PRODUTOS ENTRE VETORES EM $\mathbb{R}^2$ E $\mathbb{R}^3$

Exercícios Propostos

1 – $\vec{u} = \vec{0}$

2 – a) (3,2,13) b) $\sqrt{38}$ c) -5

4 – $\vec{v} = \left(x, \frac{12x}{5}\right)$

5 – a) $\frac{1}{2}$ b) a) $-\frac{1}{2}$ c) -1

7 – $W = 28$

9 – 120º

10 – $\left(\frac{1}{\sqrt{6}}, \frac{-2}{\sqrt{6}}, \frac{1}{\sqrt{6}}\right)$ ou $\left(\frac{-1}{\sqrt{6}}, \frac{2}{\sqrt{6}}, \frac{-1}{\sqrt{6}}\right)$

11 – $A_{\Delta ABC} = \frac{3\sqrt{14}}{2}$

12 – São colineares

13 – Não. Dê contraexemplo

14 – $2\vec{v} \times \vec{u}$

15 – $\vec{\tau} = (0,0,-9)$ e$\|\vec{\tau}\| = 9Nm$

16 – $\vec{w} \cdot (\vec{u} \times \vec{v}) = 0$

18 – a) V b) F

19 – $\vec{v} = (3,3,-1)$

20 – $\vec{w} = (-\frac{1}{4}, 0, \frac{3}{4})$

21 – $V_{PAR} = 2$

22 – a) LI b) LI c) LD

23 – a) Não são coplanares b) São coplanares

Exercícios de Revisão

1 – C

2 – C

3 – A

4 – B

5 – A

6 – B

7 – B

TÓPICO 7 – RETAS EM $\mathbb{R}^3$

Exercícios Propostos

1 – $\begin{cases} x = 1 + 8t \\ y = 2 + 6t \\ z = 3 + 4t \end{cases}$

2 – P(1,1,0)

3 – $\begin{cases} x = 5 + 2t \\ y = 5 \\ z = 5 - t \end{cases}$

4 – (a) colineares (b) não colineares

5 – As trajetórias se interceptam no ponto (300,1680,560), mas não há colisão.

6 – $P^* = \left(\frac{a}{1-c}, \frac{b}{1-c}, 0\right)$

Exercícios de Revisão

1 – B

2 – D

3 – C

4 – A

TÓPICO 8 – PLANOS

Exercícios Propostos

1 – $\pi: x + 22y - 5z - 5 = 0$

2 – $\pi: \begin{cases} x = 1 - t \\ y = t + h \\ z = h \end{cases}$

3 – $\pi: 2x - y + 2z = 0$

4 – a) É paralelo b) $d_{(\delta,o)} = \frac{72}{7}$

5 – $\pi: x + 2y + 3z - 14 = 0$

6 – eixo y

7 – $\pi: 3x - y + 4z = 0; A \notin \pi$

8 – $\pi: 3x + y - 2z - 4 = 0$

9 – $\pi: 6x + 2y + 3z \pm 7 = 0$

10 – $\left(\frac{1}{\sqrt{35}}, \frac{-3}{\sqrt{35}}, \frac{-5}{\sqrt{35}}\right) e \left(\frac{-1}{\sqrt{35}}, \frac{3}{\sqrt{35}}, \frac{5}{\sqrt{35}}\right)$

11 – $r: \begin{cases} x = 3 + t \\ y = 1 - t \\ z = 1 + 7t \end{cases}$

12 – $\pi: x + y - z - 2 = 0$

13 – $\pi: \frac{x}{x_0} + \frac{y}{y_0} + \frac{z}{z_0} = 1 \ (eq. segmentária)$

14 – $r: (x, y, z) = (0,3,0) + t(1, -2,1)$

15 – $\pi: \begin{cases} x = 3 - 2t + 4h \\ y = -3 + 5t - 2h. \\ z = 3t - 2h \end{cases} \ D \in \pi.$

16 – O maior ângulo é com o plano yz. $cos^2(\theta_{xy}) + cos^2(\theta_{xz}) + cos^2(\theta_{yz}) = 1$ e esse resultado não depende do plano α.

Exercícios de Revisão

1 – B

2 – E

3 – B

4 – C

5 – E

6 – B

TÓPICO 9 – DISTÂNCIAS NO ESPAÇO

Exercícios Propostos

1 – É isósceles. $\overline{AC} = \overline{BC}$

2 – $d_{(P,r)} = \sqrt{\frac{15}{2}}$

3 – $d_{(P,\pi)} = \frac{2\sqrt{5}}{5}$

4 – $P(-1,-6,-9)$

6 – $(x-1)^2 + (y-1)^2 + (z-7)^2 = \frac{484}{21}$

7 – Não é seguro, a distância entre as trajetórias é aproximadamente 98,7 m, portanto, inferior à margem segura de afastamento entre as aeronaves.

8 – a) (3,-2,7) b) $\left(\frac{17}{3},\frac{4}{3},\frac{5}{3}\right)$ c) (-1,0,1)

9 – a) $r: \begin{cases} x = 1 + 2t \\ y = -t \\ z = t \end{cases}$ b) $d_{(Q,s)} = \frac{\sqrt{14}}{2}$

10 – $h = \sqrt{\frac{35}{6}}$ e $P \notin plano\ do\ \Delta ABC$

TÓPICO 10 – SISTEMAS LINEARES

Exercícios Propostos

1 – $r: (4,1,z)$ ou $r: (x,y,z) = (4,1,0) + t(0,0,1)$

2 – a) $S: (1, -2{,}3)$ b) S. I. c) S.I. d) $S: (c + d - 1, c + 2, c, d)$.

3 – $x = 9{,}25$; $y = 4{,}25$ e $z = 2{,}75$

4 – Ovelha 177, pato 121, galinha 23 e coelho 29.

5 – Sim. Interseção $I = (\frac{39}{35}, \frac{53}{35}, \frac{2}{7})$.

6 – a) $r: \begin{cases} x = -z + 4 \\ y = z - 3 \end{cases}$ b) $S: (-16{,}4{,}2)$

c) $r: \begin{cases} x = 2z + 3 \\ y = -z + 1 \end{cases}$

7 – $a = 4$; $b = -1$; $c = -3$

8 – $y = -3x^2 + x + 7$

9 – $x = \frac{3}{4}w$, $y = \frac{1}{2}w, z = \frac{1}{4}w$ é a solução geral. A menor solução possível é obtida para $w = 4$.

10 – $D(x) = \frac{1}{12}x^2 + x$

11 – a) 400 peixes A e 200 peixes B. b) largura 3 m altura 2 m.

12 – b) amendoim: 250g, castanha de caju: 125g, castanha-do-pará: 125g

13 – a) $A\vec{V} = k\vec{V} \rightarrow A\vec{V} - k\vec{V} = \vec{0} \rightarrow A\vec{V} - kI_2\vec{V} = \vec{0} \rightarrow (A - kI_2)\vec{V} = \vec{0}$. b) Como $(A - kI_2)\vec{V} = \vec{0}$ representa um sistema homogêneo, e sendo $\vec{V}$ um vetor não nulo, o sistema tem solução, e logo, o determinante da matriz dos coeficientes deve ser nulo. c) $k = 2$ e $k = -5$. d) Para $k = 2$, qualquer vetor na forma $(x, -3x)$, por exemplo $(1, -3)$. Para $k = -5$, qualquer vetor na forma $(2y, y)$, por exemplo $(2{,}1)$. e) No exemplo anterior, $P = \begin{pmatrix} 1 & 2 \\ -3 & 1 \end{pmatrix}$,

$P^{-1} = \frac{1}{7}\begin{pmatrix} 1 & -2 \\ 3 & 1 \end{pmatrix}$ e $P^{-1} \cdot A \cdot P = \frac{1}{7}\begin{pmatrix} 1 & -2 \\ 3 & 1 \end{pmatrix} \cdot \begin{pmatrix} -4 & -2 \\ -3 & 1 \end{pmatrix} \cdot \begin{pmatrix} 1 & 2 \\ -3 & 1 \end{pmatrix} =$ $\begin{pmatrix} 2 & 0 \\ 0 & -5 \end{pmatrix}$, matriz diagonal com os auto valores de A.

Exercícios de Revisão

1 – D

2 – B

3 – C

4 – E

5 – E

REFERÊNCIAS BIBLIOGRÁFICAS

1. APOSTOL, T. M. **Cálculo, Volume 1**. Rio de Janeiro: Editorial Reverté S.A, 1985.

2. BOULOS, P.; CAMARGO, I. **Geometria Analítica - Um Tratamento Vetorial**. 3ª ed. São Paulo: Prentice Hall, 2005.

3. EVES, H. **Introdução à História da Matemática**. 3ª ed. Campinas: Editora da UNICAMP, 2002.

4. HILL, D. R.; KOLMAN, B. **Elementary Linear Algebra With Applications**. 9ª ed. New Jersey: Pearson, 2008.

5. HOFFMANN, B. **About Vectors**. New York: Dover, 1966.

6. KLÉTÉNIK, D. **Problemas de Geometria Analítica**. 5ª ed. Belo Horizonte: Vila Rica Editoras Reunidas, 1993.

7. LIPSCHUTZ, S. **Álgebra Linear: Teoria e Problemas**. 3ª ed. São Paulo: Makron Books, 1994.

8. POOLE, D. **Álgebra Linear**. São Paulo: Pioneira Thomson Learning, 2004.

9. SANTOS, R. J. **Um Curso de Geometria Analítica e Álgebra Linear.** Belo Horizonte: Imprensa Universitária da UFMG, 2009.

10. SHIFRIN, T. **Álgebra Linear: Uma Abordagem Geométrica**. 2ª ed. Rio de Janeiro: LTC, 2013.

11. VAINSENCHER, Israel. **Notas de Aula de Geometria Analítica**. Recife, 2001.
(disponível em http://www.mat.ufmg.br/~israel/Ensino/G-an/g-an-tudo.pdf. Acesso em 04/10/17).

12. WINTERLE, P. **Vetores e Geometria Analítica**. São Paulo: Makron Books, 2000.

Anotações

Anotações

Simone Leal Schwertl
CONSTRUÇÕES
GEOMÉTRICAS E
GEOMETRIA ANALÍTICA

Impressão e acabamento
Gráfica da Editora Ciência Moderna Ltda.
Tel: (21) 2201-6662